中国矿业大学教材建设工程资助教材

工业机器人系统设计及应用

主编　刘万里　王　琰

中国矿业大学出版社

内 容 简 介

本书系统地论述了工业机器人系统的设计方法及其应用技术。针对工业机器人的设计和应用过程，本书分别从工业机器人的定义与分类、工业机器人结构及技术参数、工业机器人结构设计、工业机器人控制系统、工业机器人轨迹规划和典型工业机器人设计及应用等方面，为读者介绍了完整的工业机器人系统设计和应用流程以及应该注意的一些技术问题。本书注重将工业机器人基础理论与应用技术相结合，力求反映国内外工业机器人研究领域的新进展，使读者能深入理解工业机器人系统的组成，真正地将理论学习与实际应用相结合。

本书可作为高等学校机器人类、机电类、仪器类专业的本科生教材，也可作为相近专业的研究生和中高职学生的参考用书，还可供有关科技人员参考。

图书在版编目(CIP)数据

工业机器人系统设计及应用 / 刘万里，王琰主编. —徐州：中国矿业大学出版社，2018.11

ISBN 978-7-5646-4235-8

Ⅰ.①工… Ⅱ.①刘…②王… Ⅲ.①工业机器人—系统设计—高等学校—教材 Ⅳ.①TP242.2

中国版本图书馆 CIP 数据核字(2018)第 254433 号

书　　名　工业机器人系统设计及应用
主　　编　刘万里　王　琰
责任编辑　何晓明
出版发行　中国矿业大学出版社有限责任公司
　　　　　　(江苏省徐州市解放南路　邮编 221008)
营销热线　(0516)83885307　83884995
出版服务　(0516)83885767　83884920
网　　址　http://www.cumtp.com　**E-mail**:cumtpvip@cumtp.com
印　　刷　江苏凤凰数码印务有限公司
开　　本　787×1092　1/16　**印张** 8.75　**字数** 220 千字
版次印次　2018 年 11 月第 1 版　2018 年 11 月第 1 次印刷
定　　价　21.00 元

前　言

工业机器人是柔性生产不可或缺的设备，因此工业机器人及其零部件结构设计将是机械制造及自动化的重要组成部分，是一种既要求多学科理论基础，更要求工程知识和实践经验的、蕴藏着巨大优化和创新潜力的工作。现在，工业机器人的应用越来越广泛，几乎已经渗透到社会各领域。全国高校陆续成立机器人研究中心，并通过与机器人相关企业的合作，研究、开发、生产机器人，致力于将其产业化并投入到市场应用中。美国麻省理工学院计算机科学和人工智能实验室主任布鲁克斯教授认为，若干年后，机器人在人们日常生活中的应用将会类似于今天的计算机。随着社会的发展，人们的生活将离不开机器人，我们的社会也将机器人化。当前大多数人了解并学习机器人的相关知识只是作为兴趣爱好，但在不久的将来，这将会成为他们生活中的一部分。

但由于各种原因，目前对工业机器人系统研究的成果或论著相对较少，该方面知识主要靠设计者自己在工作实践中摸索积累，这给机器人设计与应用均带来了较大的困难。结构设计知识的不足，不仅会极大地限制设计者的视野和创造力，还会限制机器人的发展和应用。因此，笔者本着“理论-设计-应用”的理念完成了此书，重点在于应用，书中用大量案例较全面系统地阐述了工业机器人机械结构设计方面存在的共性问题，并提出了相应的原则性解决方案，具有很强的实用性。如果能为读者在工业机器人机械结构设计方面提供帮助，笔者将会感到极大的满足与欣慰。

本书围绕当今工业机器人技术的发展前沿和应用，从技术发展、研发思路、关键技术、应用方法等角度分以下 8 章予以介绍：第 1 章绪论、第 2 章工业机器人运动学基础、第 3 章工业机器人动力学基础、第 4 章工业机器人结构及技术参数、第 5 章工业机器人结构设计、第 6 章工业机器人控制系统、第 7 章工业机器人轨迹规划、第 8 章典型工业机器人设计及应用。书中在介绍相关技术的同时，以案例形式介绍了整个工业机器人系统的设计、分析、集成和应用方法，力求做到系统性、专业性和可读性相结合。本书适于从事机器人技术的工程技术人员使用，同时也可作为相关专业本、专科学生的参考书。

本书在编写过程中得到了中国矿业大学多位老师和中国铁路总公司铁路基础设施检测中心王琰助理研究员的支持，还有伊尹世学等多名研究生在插图、排版和公式录入等过程中付出的辛苦劳动，在此一并致谢。

本书参阅了大量的参考资料，这些资料作者的卓越研究成果使本书内容更加充实，在此向有关作者表示感谢。

由于编者水平有限，加之时间仓促，书中难免存在错漏和不足之处，恳请广大读者批评指正，以便以后改进完善。

主 编

2018年5月

目　录

第 1 章　绪论 ………… 1
1.1　工业机器人的定义与分类 ………… 1
1.2　工业机器人的基本组成 ………… 4
1.3　工业机器人的设计方法 ………… 9
1.4　工业机器人的应用及前景 ………… 11

第 2 章　工业机器人运动学基础 ………… 14
2.1　位置与姿态的描述 ………… 14
2.2　坐标变换 ………… 16
2.3　齐次坐标变换 ………… 18
2.4　逆变换 ………… 19
2.5　工业机器人运动学方程 ………… 20
2.6　工业机器人正向运动学 ………… 25
2.7　工业机器人逆向运动学 ………… 28

第 3 章　工业机器人动力学基础 ………… 33
3.1　刚体动力学 ………… 33
3.2　工业机器人动力学方程 ………… 40
3.3　动力学仿真 ………… 44

第 4 章　工业机器人结构及技术参数 ………… 46
4.1　工业机器人的技术参数 ………… 46
4.2　工业机器人构成 ………… 49
4.3　工业机器人驱动结构 ………… 53

第 5 章　工业机器人结构设计 ………… 61
5.1　工业机器人总体设计方案与流程 ………… 61
5.2　转动机构设计 ………… 66
5.3　升降机构设计 ………… 70
5.4　手臂机构设计 ………… 75
5.5　手腕机构设计 ………… 81
5.6　夹持机构设计 ………… 88

第 6 章　工业机器人控制系统 …… 94
6.1　工业机器人控制系统概述 …… 94
6.2　工业机器人位置控制 …… 95
6.3　工业机器人力矩控制 …… 97
6.4　工业机器人速度控制 …… 101
6.5　工业机器人位置-力矩混合控制 …… 101

第 7 章　工业机器人轨迹规划 …… 103
7.1　轨迹规划的一般性问题 …… 103
7.2　轨迹规划的基本原理 …… 104
7.3　关节空间的轨迹规划 …… 107
7.4　直角坐标空间的轨迹规划 …… 113

第 8 章　典型工业机器人设计及应用 …… 117
8.1　工业机器人设计原则和流程 …… 117
8.2　装配工业机器人设计 …… 119
8.3　模块化工业机器人设计 …… 124

参考文献 …… 130

第1章 绪 论

1.1 工业机器人的定义与分类

1.1.1 工业机器人的定义

什么是工业机器人呢？关于机器人的概念，真有点像盲人摸象，仁者见仁，智者见智。机器人(Robot)是1920年由捷克作家卡雷尔·恰佩克在剧本中塑造的一个具有人的外表、特征和功能，愿意为人服务的机器奴仆，由“Robota”(捷克文，原意为“劳役、苦工”)和Robotnik(波兰文，原意为“工人”)而衍生出来的。我们可以这样说：机器人是一个在三维空间中具有较多自由度的，并能实现诸多拟人动作和功能的机器；而工业机器人则是在工业生产上应用的机器人。美国机器人工业协会提出的工业机器人定义为：“工业机器人是用来进行搬运材料、零件、工具等可再编程的多功能机械手，或通过不同程序的调用来完成各种工作任务的特种装置。”英国机器人协会、日本机器人协会等也采用了相类似的定义。国际标准化组织(ISO)曾于1987年对工业机器人进行了定义：“工业机器人是一种具有自动控制的操作和移动功能，能够完成各种作业的可编程操作机。”ISO 8373对机器人则给出了更具体的解释：“机器人具备自动控制及可再编程、多用途功能，机器人操作机具有三个或三个以上的可编程轴，在工业自动化应用中，机器人的底座可固定也可移动。”

由此可以总结出工业机器人最显著的特点有以下几个：

(1) 可编程。生产自动化的进一步发展是柔性自动化。工业机器人可随其工作环境变化的需要而再编程，因此它在小批量、多品种、具有均衡高效率的柔性制造过程中能发挥很好的功用，是柔性制造系统(FMS)中的一个重要组成部分。

(2) 拟人化。工业机器人在机械结构上有类似人的行走、腰转、大臂、小臂、手腕、手爪等部分，在控制上有电脑。此外，智能化工业机器人还有许多类似人类的“生物传感器”，如皮肤型接触传感器、力传感器、负载传感器、视觉传感器、声觉传感器等。传感器提高了工业机器人对周围环境的自适应能力。

(3) 通用性。除了专门设计的专用工业机器人外，一般工业机器人在执行不同的作业任务时具有较好的通用性。比如，更换工业机器人手部末端操作器(手爪、工具等)便可执行不同的作业任务。

(4) 机电一体化。工业机器人技术涉及的学科相当广泛，但是归纳起来是机械学和微电子学的结合——机电一体化技术。第三代智能机器人不仅具有获取外部环境信息的各种传感器，而且还具有记忆能力、语言理解能力、图像识别能力、推理判断能力等人工智能，这些都和微电子技术的应用，特别是计算机技术的应用密切相关。因此，机器人技术的发展必将带动其他技术的发展，机器人技术的发展和应用水平也可以验证一个国家科学技术和工业技术的发展和水平。

1.1.2 工业机器人的分类

工业机器人的分类方法有很多，分类时主要是参照以下内容进行的：

① 工业机器人型号的基本技术参数和符号

工业机器人的承载能力、动作自由度、工作空间的外形和尺寸、定位误差和控制系统形式等基本参数决定了工业机器人的工艺性和结构特点，据此可以确定工业机器人型号。目前，工业机器人型号多采用字母和数字代号来表示，且尚不统一。

② 工业机器人的机械结构

按照工业机器人的机械结构可以分为串联结构、并联结构及混合结构。

③ 机器人生产厂家

目前，机器人生产厂家可以按照自己的情况进行分类。如 ABB 公司生产的工业机器人有通用机器人、喷涂机器人、拾料机器人、码垛机器人等。

④ 工业机器人服务的生产形式

按照工业机器人服务的生产形式可以分为铸造生产中的工业机器人、锻压设备中的工业机器人、金属切削机床用的工业机器人、装配用的工业机器人、金属电镀车间设备用的工业机器人等。

关于工业机器人的分类，国际上暂时没有制定统一的标准，因此从不同的角度可以有不同的分类。

工业机器人按臂部的运动形式分为四种：直角坐标型的臂部可沿三个直角坐标移动；圆柱坐标型的臂部可做升降、回转和伸缩动作；球坐标型的臂部能回转、俯仰和伸缩；关节型的臂部有多个转动关节。

工业机器人按执行机构运动的控制机能，又可分点位型和连续轨迹型。点位型只控制执行机构由一点到另一点的准确定位，适用于机床上下料，点焊和一般搬运、装卸等作业；连续轨迹型可控制执行机构按给定轨迹运动，适用于连续焊接和涂装等作业。

工业机器人按程序输入方式区分有编程输入型和示教输入型两类。编程输入型是将计算机上已编好的作业程序文件，通过 RS-232 串口或者以太网等通信方式传送到机器人控制柜。示教输入型的示教方法有两种：一种是由操作者用手动控制器（示教操纵盒），将指令信号传给驱动系统，使执行机构按要求的动作顺序和运动轨迹操演一遍；另一种是由操作者直接领动执行机构，按要求的动作顺序和运动轨迹操演一遍。在示教过程的同时，工作程序的信息即自动存入程序存储器中，在机器人自动工作时，控制系统从程序存储器中检索出相应信息，将指令信号传给驱动机构，使执行机构再现示教的各种动作。示教输入程序的工业机器人称为示教再现型工业机器人。

工业机器人按照运动形式可以分为以下几类：

（1）直角坐标型机器人

这种机器人的外形轮廓与数控镗铣床或三坐标测量机相似，如图 1-1 所示。三个关节都是移动关节，关节轴线相互垂直，相当于笛卡尔坐标系的 x、y 和 z 轴。它主要用于生产设备的上下料，也可用于高精度的装卸和检测作业。这种形式主要特点如下：

① 结构简单，直观，刚度高。多做成大型龙门式或框架式机器人。

② 三个关节的运动相互独立，没有耦合，运动学求解简单，不产生奇异状态。采用直线

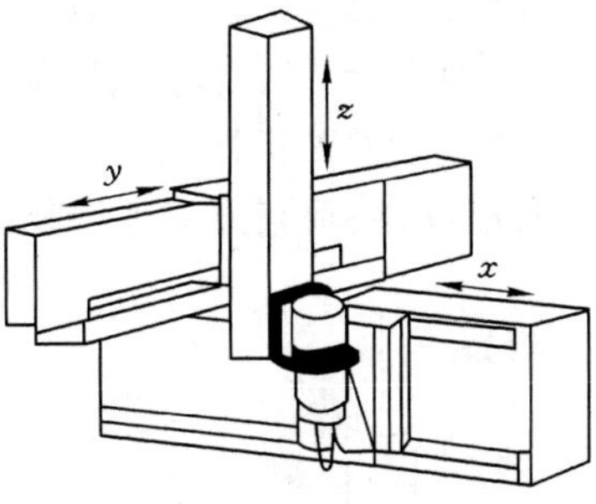

图 1-1 直角坐标型机器人

滚动导轨后，速度和定位精度较高。

③ 工件的装卸、夹具的安装等受到立柱、横梁等构件的限制。

④ 容易编程和控制，控制方式与数控机床类似。

⑤ 导轨面防护比较困难。移动部件的惯量比较大，增加了驱动装置的尺寸和能量消耗，操作灵活性较差。

(2) 圆柱坐标型机器人

如图 1-2 所示，这种机器人以 θ、z 和 r 为参数构成坐标系。手腕参考点的位置可表示为 $P=f(\theta,z,r)$。其中，r 是手臂的径向长度，θ 是手臂绕水平轴的角位移，z 是在垂直轴上的高度。如果 r 不变，操作臂的运动将形成一个圆柱表面，空间定位比较直观。操作臂收回后，其后端可能与工作空间内的其他物体相碰，移动关节不易防护。

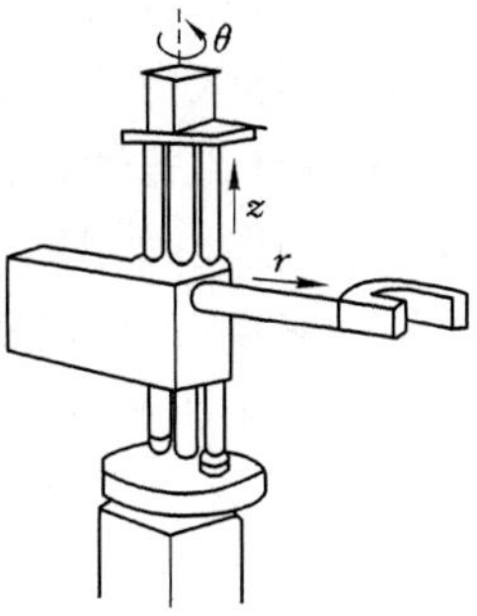

图 1-2 圆柱坐标型机器人

(3) 球坐标型机器人

如图 1-3 所示，腕部参考点运动所形成的最大轨迹表面是半径为 r 的球面的一部分，以 θ、φ、r 为坐标，任意点可表示为 $P=f(\theta,\varphi,r)$。这类机器人占地面积小，工作空间较大，移动关节不易防护。

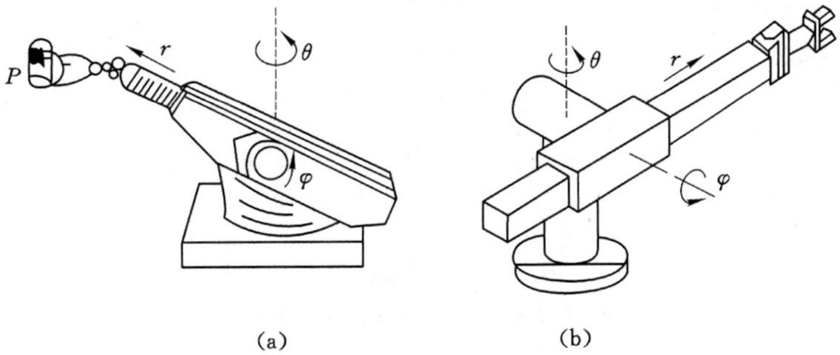

图 1-3 球坐标型机器人

(4) 平面双关节型机器人

机器人有三个旋转关节，其轴线相互平行，在平面内进行定位和定向，另一个关节是移动关节，用于完成末端件垂直于平面的运动。手腕参考点的位置是由两旋转关节的角位移 φ_1、φ_2 和移动关节的位移 z 决定的，即 $P=f(\varphi_1,\varphi_2,z)$，如图 1-4 所示。这类机器人结构轻便、响应速度快。例如，Adept I 型 SCARA 机器人的运动速度可达 10 m/s，比一般关节式机器人快数倍。它最适用于平面定位，在垂直方向进行装配的作业。

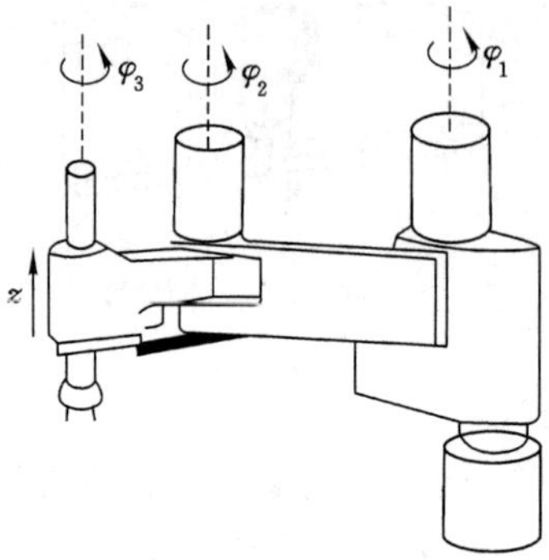

图 1-4　SCARA 机器人

(5) 关节型机器人

这类机器人由两个肩关节和一个肘关节进行定位，由两个或三个腕关节进行定向。其中，一个肩关节绕铅直轴旋转，另一个肩关节实现俯仰，这两个肩关节轴线正交，肘关节平行于第二个肩关节轴线，如图 1-5 所示。这种构形动作灵活，工作空间大，在作业空间内手臂的干涉最小，结构紧凑，占地面积小，关节上相对运动部位容易密封防尘。但这类机器人运动学较复杂，运动学反解困难，确定末端件执行器的位姿不直观，进行控制时，计算量比较大。

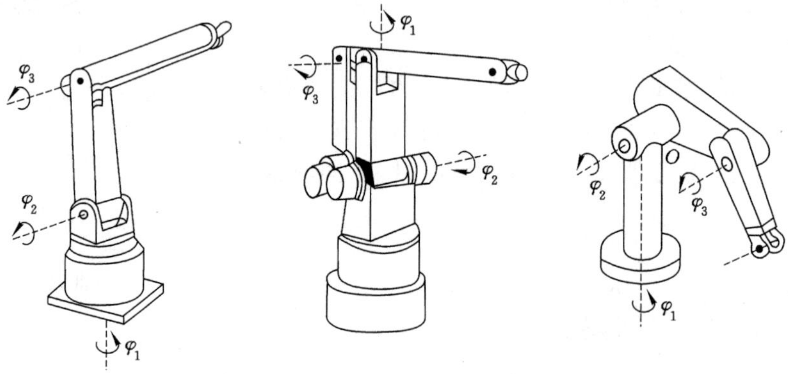

(a)　(b)　(c)

图 1-5　关节型机器人

(a) 直接驱动式；(b) 平行连杆式；(c) 关节偏置式

1.2　工业机器人的基本组成

如图 1-6 所示，工业机器人由机械部分、控制部分、传感部分三大部分组成。这三大部分主要包括机械结构系统、感知系统、驱动系统、控制系统、人机交互系统、机器人-环境交互系统六个子系统。如果用人来比喻机器人的组成的话，那么控制系统相当于人的“大脑”，感知系统相当于人的“视觉与感觉器官”，驱动系统相当于人的“肌肉”，执行机构相当于人的“身躯和四肢”。整个机器人运动功能的实现，是通过人机交互系统，采用工程的方法控制实现的。

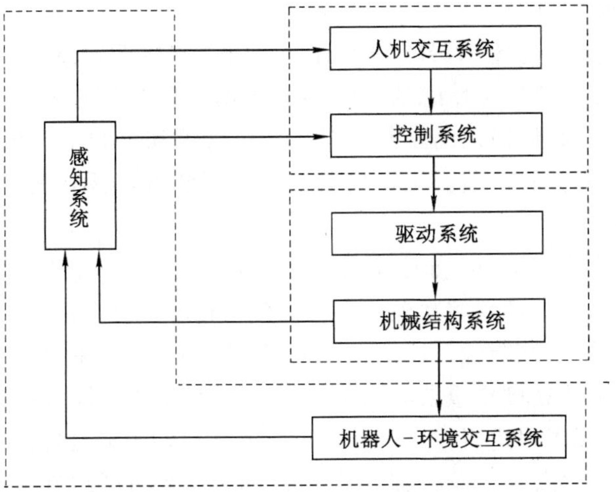

图 1-6 工业机器人的基本组成

1.2.1 机械结构

工业机器人的机械结构由传动部件和机械部件组成。机械部件由机身、手臂、末端操作器三大件组成。每一大件都有若干自由度，构成一个多自由度的机械系统。若基座具备移动机构，则构成移动工业机器人；若基座不具备移动及腰转机构，则构成单工业机器人臂。手臂一般由上臂、下臂和手腕组成。末端执行器是直接装在手腕上的一个重要部件，它可以是两手指或多手指的手爪，也可以是焊枪、喷漆枪等作业工具。

1.2.2 驱动系统

驱动系统是向机械结构系统提供动力的装置。驱动系统的驱动方式主要有：电气驱动、液压驱动、气压驱动及新型驱动。

电气驱动是目前使用最多的一种驱动方式，其特点是：无环境污染，运动精度高，电源取用方便，响应快，驱动力大，信号检测、传递、处理方便，并可以采用多种灵活的控制方式，驱动电动机一般采用步进电动机、直流伺服电动机、交流伺服电动机(也有采用直接驱动电动机的)。

液压驱动可以获得很大的抓取能力，传动平稳，结构紧凑，防爆性好，动作也较灵敏，但对密封性要求高，不宜在高、低温现场工作。

气压驱动的工业机器人结构简单，动作迅速，空气来源方便，价格低，但由于空气可压缩而使工作速度稳定性差，抓取力小。

随着应用材料科学的发展，一些新型材料开始应用于工业机器人的驱动，如形状记忆合金驱动、压电效应驱动、人工肌肉及光驱动等。

1.2.3 感知系统

感知系统由内部传感器模块和外部传感器模块组成，以获取内部和外部环境中有用的信息。内部传感器用来检测工业机器人的自身状态(内部信息)，如关节的运动状态等。外部传感器用来感知外部世界，检测作业对象与作业环境的状态（外部信息），如视觉、听觉、触觉等。智能传感器的使用提高了工业机器人的机动性、适应性和智能化水平。人类的感知系统对感知外部世界信息是极其巧妙的，然而对于一些特殊的信息，传感器却比人类的感知系统更有效。

（1）工业机器人对传感器的要求

① 基本性能要求

a. 精度高。精度定义为传感器的输出值与期望值的接近程度。对于给定的输入，传感器有一个期望输出，而精度则与传感器的输出和该期望值的接近程度有关。工业机器人传感器的精度直接影响工业机器人的工作质量。用于检测和控制工业机器人运动的传感器是控制工业机器人定位精度的基础。工业机器人是否能够准确无误地正常工作，往往取决于传感器的测量精度。

b. 重复性好。对同样的输入，如果对传感器的输出进行多次测量，那么每次输出都可能不一样。重复精度反映了传感器多次输出之间的变化程度。通常，如果进行足够次数的测量，那么就可以确定一个范围，它能包括所有在标称值周围的测量结果，那么这个范围就定义为重复精度。通常重复精度比精度更重要，在多数情况下，不准确度是由系统误差导致的，因为它们可以预测和测量，所以可以进行修正和补偿。重复性误差通常是随机的，不容易补偿。

c. 稳定性好，可靠性高。工业机器人传感器的稳定性和可靠性是保证工业机器人能够长期稳定可靠工作的必要条件。工业机器人经常是在无人照管的条件下代替人来操作的，如果它在工作中出现故障，轻者影响生产的正常进行，重者会造成严重事故。

d. 抗干扰能力强。工业机器人传感器的工作环境比较恶劣，它应当能够承受强电磁干扰、强振动，并能够在一定的高温、高压、高污染环境中正常工作。

e. 质量小、体积小、安装方便可靠。对于安装在工业机器人操作臂等运动部件上的传感器，质量要小，否则会加大运动部件的惯性，减少总的有效载荷，从而影响工业机器人的运动性能。对于工作空间受到某种限制的工业机器人，对体积和安装方向的要求也是必不可少的。例如，关节位移传感器必须与关节的设计相适应，并能与工业机器人中的其他部件一起移动，但关节周围可利用的空间可能会受到限制。另外，体积庞大的传感器可能会限制关节的运动范围。因此，确保给关节传感器留下足够大的空间非常重要。

f. 价格适当。传感器的价格是需要考虑的重要因素，尤其在一台机器需要使用多个传感器时更是如此。然而价格必须与其他设计要求相平衡，如可靠性、传感器数据的重要性、精度和寿命等。

g. 输出类型（数字式或模拟式）的选择：根据不同的应用，传感器的输出可以是数字量也可以是模拟量，它们可以直接使用，也可能必须对其进行转换后才能使用。例如，电位器的输出是模拟量，而编码器的输出则是数字量。如果编码器连同微处理器一起使用，其输出可直接传输至处理器的输入端，而电位器的输出则必须利用模数转换器（ADC）转变成数字信号。最终哪种输出类型比较合适，必须结合其他要求进行折中考虑。

h. 接口匹配。传感器必须能与其他设备相连接，如微处理器和控制器。倘若传感器与其他设备的接口不匹配或两者之间需要其他的额外电路，那么需要解决传感器与设备间的接口问题。

② 工作任务要求

现代工业中，工业机器人被用于执行各种加工任务，其中比较常见的加工任务有物料搬运、装配、喷漆、焊接、检验等。不同的加工任务对工业机器人会提出不同的工作要求。

多数搬运工业机器人目前尚不具有感觉能力，它们只能在指定的位置上拾取确定的零件。而且，在工业机器人拾取零件以前，除了需要给工业机器人定位以外，还需要采用某种辅助设备或工艺措施，把被拾取的零件准确定位和定向，这就使得加工工序或设备更加复杂。如果搬运工业机器人具有视觉、触觉和力觉等感觉能力，就会改善这种状况。视觉系统用于被拾取零件的粗定位，使工业机器人能够根据需要，寻找应该拾取的零件，并确定该零件的大致位置。触觉传感器用于感知被拾取零件的存在、确定该零件的准确位置，以及确定该零件的方向。触觉传感器有助于工业机器人更加可靠地拾取零件。力觉传感器主要用于控制搬运工业机器人的夹持力，防止工业机器人手爪损坏被抓取的零件。

装配工业机器人对传感器的要求类似于搬运工业机器人，也需要视觉、触觉和力觉等感觉能力。通常，装配工业机器人对工作位置的要求更高。现在，越来越多的工业机器人正进入装配工作领域，主要任务是销、轴、螺钉和螺栓等装配工作。为了使被装配的零件获得对应的装配位置，采用视觉系统选择合适的装配零件，并对它们进行粗定位，工业机器人触觉系统能够自动校正装配位置。

喷漆工业机器人一般需要采用两种类型的传感系统：一种主要用于位置（或速度）的检测；另一种用于工作对象的识别。用于位置检测的传感器，包括光电开关、测速码盘、超声波测距传感器、气动式安全保护器等。待漆工件进入喷漆工业机器人的工作范围时，光电开关立即接通，传达正常的喷漆工作要求。超声波测距传感器一方面可以用于检测待漆工件的到来，另一方面用来监视工业机器人及其周围设备的相对位置变化，以避免发生相互碰撞。一旦工业机器人末端执行器与周围物体发生碰撞，气动式安全保护器会自动切断工业机器人的动力源，以减少不必要的损失。现代生产经常采用多品种混合加工的柔性生产方式，喷漆工业机器人系统必须同时对不同种类的工件进行喷漆加工，因此要求喷漆工业机器人具备零件识别功能。为此，当待漆工件进入喷漆作业区时，工业机器人需要识别该工件的类型，然后从存储器中取出相应的加工程序进行喷漆。用于这项任务的传感器，包括阵列触觉式传感器系统和机器人视觉系统。由于制造水平的限制，阵列式触觉传感器系统只能识别那些形状比较简单的工件，较复杂工件的识别则需要采用视觉系统。

焊接工业机器人包括点焊工业机器人和弧焊工业机器人两类。这两类工业机器人都需要用位置传感器和速度传感器进行控制。位置传感器主要采用光电式增量码盘，也可以采用较精密的电位器。根据现在的制造水平，光电式增量码盘具有较高的检测精度和较高的可靠性，但价格昂贵。速度传感器目前主要采用测速发电机，其中交流测速发电机的线性度比较高，且正向与反向输出特性比较对称，比直流测速发电机更适合于弧焊工业机器人使用。为了检测点焊工业机器人与待焊工件的接近情况，控制点焊工业机器人的运动速度，点焊工业机器人还需要装备接近度传感器。如前所述，弧焊工业机器人对传感器有一个特殊要求，需要采用传感器使焊枪沿焊缝自动定位，并且自动跟踪焊缝，目前完成这一功能的常见传感器有触觉传感器、位置传感器和视觉传感器。

（2）机器人传感器的种类

机器人根据所完成任务的不同，配置的传感器类型和规格也不尽相同，一般分为内传感器和外传感器。

所谓内传感器，就是测量机器人自身状态的功能元件，具体检测的对象有关节的线位移、角位移等几何量，速度、角速度、加速度等运动量，还有倾斜角、方位角、振动等物理量，即主要用来采集来自机器人内部的信息。而所谓的外传感器，则主要用来采集机器人和外部环境以及工作对象之间相互作用的信息。内传感器常在控制系统中用作反馈元件，检测机器人自身的状态参数，如关节运动的位置、速度、加速度等；外传感器主要用来测量机器人周边环境参数，通常跟机器人的目标识别、作业安全等因素有关。如视觉传感器，它既可以用来识别工作对象，也可以用来检测障碍物。从机器人系统的观点来看，外传感器的信号一般用于规划决策层，也有一些外传感器的信号被底层的伺服控制层所利用。

内传感器和外传感器是根据传感器在系统中的作用来划分的，某些传感器既可以当作内传感器使用，又可以当作外传感器使用。如力传感器，用于末端执行器或操作臂的自重补偿时，是内传感器；用于测量操作对象或障碍物的反作用力时，是外传感器。

1.2.4 控制系统

控制系统的任务是根据机器人的作业指令以及从传感器反馈回来的信号，支配机器人的执行机构去完成规定的运动和功能。如果机器人不具备信息反馈特征，则为开环控制系统；具备信息反馈特征，则为闭环控制系统。根据控制原理可分为程序控制系统、适应性控制系统和人工智能控制系统。根据控制运动的形式可分为点位控制和连续轨迹控制。

对于一个具有高度智能的机器人，它的控制系统实际上包含了任务规划、动作规划、轨迹规划和基于模型的伺服控制等多个层次，如图 1-7 所示。机器人首先要通过人机接口获取操作者的指令，指令的形式可以是人的自然语言，或者是由人发出的专用的指令语言，也可以是通过示教工具输入的示教指令，或者键盘输入的机器人指令语言以及计算机程序指令；其次要对控制命令进行解释理解，把操作者的命令分解为机器人可以实现的“任务”，这是任务规划；再次，机器人针对各个任务进行动作分解，这是动作规划。为了实现机器人的一系列动作，应该对机器人每个关节的运动进行设计，即机器人的轨迹规划。最底层是关节运动的伺服控制。

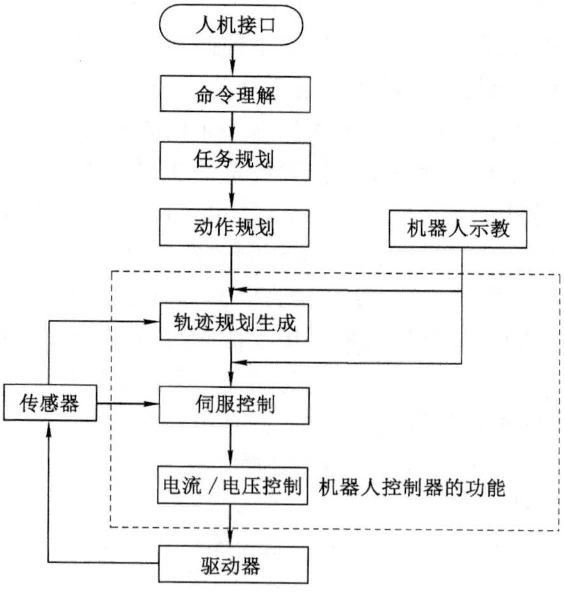

图 1-7　工业机器人控制系统的组成及功能

(1) 工业机器人控制系统的主要功能

实际应用的工业机器人，其控制系统并不一定都具有上述所有组成及功能。大部分工业机器人的任务规划和动作规划是由操作人员来完成的，有的甚至连轨迹规划也要由人工编程来实现。一般的工业机器人，设计者已经完成轨迹规划的工作，因此操作者只要为工业机器人设定动作和任务即可。由于工业机器人的任务通常比较专一，为这样的工业机器人设计任务，对用户来说并不是件困难的事情。

工业机器人控制系统的主要功能有以下几种：

① 工业机器人示教。所谓工业机器人示教，指的是为了让工业机器人完成某项作业，把完成该项作业内容的实现方法对工业机器人进行示教。随着工业机器人完成作业内容复杂程度的提高，如果还是采用示教再现方式对工业机器人进行示教已经不能满足要求了。目前一般都使用机器人语言对工业机器人进行作业内容的示教。作业内容包括让工业机器人产生应有的动作，也包括工业机器人与周边装置的控制和通信等方面的内容。

② 轨迹生成。为了控制工业机器人在被示教的作业点之间按照机器人语言所描述的指定轨迹运动，必须计算配置在工业机器人各关节处电动机的控制量。

③ 伺服控制。把从轨迹生成部分输出的控制量作为指令值，再把这个指令值与位置和速度等传感器来的信号进行比较，用比较后的指令值控制电动机转动，其中应用了软伺服。软伺服的输出是控制电动机的速度指令值，或者是电流指令值。在软伺服中，对位置与速度的控制是同时进行的，而且大多数情况下是输出电流指令值。对电流指令值进行控制，本质是进行电动机力矩的控制，这种控制方式的优点很多。

④ 电流控制。电流控制模块接收从伺服系统来的电流指令，监视流经电动机的电流大小，采用PWM(Pulse Width Modulation，脉冲宽度调制)方式对电动机进行控制。

(2) 工业机器人控制系统的任务

工业机器人控制系统是以计算机控制技术为核心的实时控制系统，它的任务就是根据工业机器人所要完成的功能，结合工业机器人的本体结构和工业机器人的运动方式，实现工业机器人的工作目标。控制系统是工业机器人的大脑，它的优劣决定了工业机器人的智能水平、工作柔性及灵活性，也决定了工业机器人使用的方便程度和系统的开放性。

1.2.5 人机交互系统

人机交互系统是人与工业机器人进行联系和参与机器人控制的装置。例如，计算机的标准终端、指令控制台、信息显示板、危险信号报警器等。该系统可以分为两大类：指令给定装置和信息显示装置。

1.2.6 机器人-环境交互系统

机器人-环境交互系统是实现机器人与外部环境中的设备相互联系和协调的系统。机器人与外部设备集成为一个功能单元，如加工制造单元、焊接单元、装配单元等。当然也可以是多台机器人集成为一个去执行复杂任务的功能单元。

1.3 工业机器人的设计方法

工业机器人是一个完整的机电一体化系统，是一个包括机构、控制系统、感知系统等的整体系统。对于工业机器人这样一个复杂的系统，在设计时首先要考虑的是工业机器人的整体性、整体功能和整体参数，然后才是对局部细节进行设计。

(1) 准备事项

在设计之初，应当首先明确工业机器人的设计目的，即工业机器人的应用对象、应用领域和主要应用目的。然后，根据设计目的确定工业机器人的功能要求。在确定功能要求基础上，设计者可以明确工业机器人的设计参数，如工业机器人的自由度数、信息的存储容量、计算机功能、动作速度、定位精度、抓取重量、容许的空间结构尺寸以及温度、振动等环境条件的适用性等。将设计参数以集合的方式表示，则可以形成总体的设计方案。最后进行方案的比较，在初步提出的若干方案中，通过对工艺生产、技术和价值分析选择出最佳方案。

(2) 工业机器人的详细设计

① 在总体方案确定之后，首先根据总体的功能要求选择合适的控制方案。从控制器所能配置的资源来说，有两种控制方式：集中式和分布式。集中式是将所有的资源都集中在一个控制器上，而分布式则是让不同的控制器负责实现工业机器人不同的功能。

② 在控制方案确定之后，根据选定的控制方案选择驱动方式。工业机器人的驱动方式主要有液压、气压、电气、新型驱动等方式。设计者可以根据工业机器人的负载要求来进行选择，其中液压的负载最大，气动次之，电动最小。

③ 在控制系统的设计及驱动方式确定之后，就可以进行机械结构系统的设计。工业机器人的机械结构系统设计一般包括对末端执行器、臂部、腕部、机座和移动机构等的设计。

④ 工业机器人运动形式。根据主要的运动参数选择运动形式是结构设计的基础。常见工业机器人的运动形式有五种：直角坐标型、圆柱坐标型、极坐标型、关节型和SCARA型。

为适应不同的生产工艺或环境需要，可采用不同的结构。具体选用哪种形式，必须根据工艺要求、工作现场、位置以及搬运前后工件中心线方向的变化等情况分析比较，择优选取。为了满足特定工艺要求，专用的机械手一般只要求有 2 个或 3 个自由度，而通用工业机器人必须具有 4～6 个自由度，才能满足不同产品的不同工艺要求。所选择的运动形式，在满足需要的情况下，应以使自由度最少、结构最简单为准。

⑤ 传动系统设计的好坏，将直接影响工业机器人的稳定性、快速性和精确性等性能参数。工业机器人的传动系统除了常见的齿轮传动、链传动、蜗轮蜗杆传动和行星齿轮传动外，还广泛地采用滚珠丝杠、谐波减速装置和绳轮钢带等传动系统。

⑥ 在进行机械设计的过程中，最好能够使用 Pro/E、UG、SolidWork 等 CAD/CAE 软件建立三维实体模型，并在工业机器人上进行虚拟装配，然后进行运动学仿真，检查是否存在干涉和外观的不满意。也可以使用 Adams 等软件进行动力学仿真，从更深层次来发现设计中可能存在的问题。

(3) 制造、安装、调试和编写设计文档

在详细设计完成之后，先筛选标准元器件，对自制的零件进行检查，对外购的设备器件进行验收；然后对各子系统调试后，进行总体安装，整机联调；最后编写设计文档。

1.4 工业机器人的应用及前景

工业机器人技术集中了机械工程、电子技术、计算机技术、自动控制理论及人工智能等多学科的最新研究成果，是当代科学技术发展最活跃的领域之一。1913 年，美国福特汽车公司首次研发成功机械手并被用在机床上下料的自动生产线上，取得了良好的经济效果。1959 年，美国联合控制公司首次研发成功一种动作程序可变、行程可调、适应力强的高级机械手。它不但应用于自动机床的上下料，而且能够自动控制工具进行焊接、热处理等作业，在一定程度上像人手一样地工作，并称这种高级机械手为机器人。1962 年，美国 AMF 公司生产出 VERSTRAN（万能搬运），与 Unimation 公司生产的 Unimate 一样成为真正商业化的工业机器人，并出口到世界各地。1978 年，美国 Unimation 公司推出通用工业机器人 PUMA，PUMA 至今仍然工作在工厂第一线。

（1）自 20 世纪 60 年代初机器人问世以来，机器人技术经历了不断地发展，已取得了实质性的进步和成果，主要体现在以下几个方面：

① 提高生产过程的自动化程度

应用机器人，有利于提高材料的传送、工件的装卸、刀具的更换以及机器的装配等自动化程度，从而可以提高劳动生产率，降低生产成本，加快实现工业生产机械化和自动化的步伐。

② 改善劳动条件，避免人身事故

在高温、高压、低温、低压，有灰尘、噪声、臭味，有放射性或有其他毒性污染以及工作空间狭窄等场合中，人工直接操作是有危险或根本不可能的。而应用机器人即可部分或全部代替人安全地完成作业，大大改善工人的劳动条件。同时，在一些动作简单但又重复作业的操作中，以机器人代替人进行工作，可以避免由于操作疲劳或疏忽而造成的人身事故。

③ 减少人力，便于有节奏地生产

应用机器人代替人进行工作，这是直接减少人力的一个侧面，同时由于应用机器人而可以连续地工作，这是减少人力的另一个侧面。因此，在自动化机床和综合加工自动生产线上目前几乎都设有机器人，以减少人力和更准确地控制生产的节奏，便于有节奏地进行生产。

（2）目前，世界上有百万多台工业机器人正在各种生产现场工作；在非制造领域，上至太空舱、宇宙飞船，下至极限环境作业、日常生活服务，机器人技术的应用已拓展到社会经济发展的诸多领域；在传统制造领域，工业机器人经过诞生、成长、成熟期后，已成为不可或缺的核心自动化装备。

① 热加工生产中的工业机器人

工业机器人在铸造生产中应用广泛，涉及铸造、喷砂处理、喷丸清理及铸件运输等几乎所有环节。

工业机器人在铸造生产中所完成的基本功能包括：从机器的工作区域取出铸件；依次将铸件移送到检测位置，进入冷却装置；放入切边机的压模中；从压模中拿走，分放在包装箱中；将芯放到铸造砂型中并浇注金属。用于铸造生产中的工业机器人应具有特殊的结构形式，以防备周围介质的不良作用，如控制柜、控制台、导轨以及摩擦表面的密封，将控制系统布置在独立单元中等。铸造生产中的工业机器人正朝着运行的快速性及可靠性方向发展。

② 冷加工设备中的工业机器人

工业机器人在锻压设备生产中涉及的应用领域包括：用于曲柄压力机、模压曲柄弯管机、螺旋压力机等。

在锻压生产中应用的工业机器人，其基本功能包括：从规定位置夹持毛坯；移送到工作位置；从一个位置转放到另一个位置（其中包括转动）；取下成品件并将其放到包装箱中；抓放废料；发出控制机器人技术综合装置的指令等。

③ 金属切削机床用工业机器人

在柔性生产单元、柔性制造系统中，采用工业机器人辅助生产是最有成效的方法。目前，具有基本组合模块结构的金属切削机床用工业机器人已经得到广泛的应用。

金属切削机床用工业机器人所完成的基本功能包括：在机床工作空间内安装事先已经定向的毛坯；从机床上取下零件并放入包装箱（储料器）中；必要时翻转零件，清洗零件及夹具的基准面；控制装置发出工艺指令；检测零件等。当采用辅助装置和坐标循环台、升降平台等机构时，可以扩大工业机器人的功能。

④ 装配用工业机器人

在装配生产中的工业机器人，既可为自动装配机服务，又可直接用来完成大批量零件装配作业。

装配作业包括堆垛、拧螺钉、压配、铆接、弯形、卷边、胶合等。为实现工业机器人的操作，必须保证其基本功能的实现，如在垂直方向上手臂应该能做直线运动；机器人结构沿垂直轴方向上要有足够高的刚度，能够承受在装配方向上产生相当大的作用力；机器人有补偿定位误差的可能性，即结构的柔顺性，如依靠在垂直于装配基本方向的平面上结构的柔顺性；工作机构能做高速运动。当考虑上述基本功能要求时，装配工业机器人合理的结构应该是带有在水平面上铰接的工作手臂，并具有垂直行程的工作机构。工业机器人的承载能力不应超过极限值，并且，机器人应具有很灵活的、较大的工作空间以及紧凑的结构。

⑤ 金属电镀设备用工业机器人

金属电镀设备用工业机器人主要用于在电镀槽上的服务及涂漆作业。涉及的应用领域包括：电镀法涂层、化学法涂层、阳极机械法在零件上涂层等。目前，提高金属电镀机器人操作机的移动速度、提高电传动的劳动生产率、减少金属消耗量、减少生产过程所占的工作面积等是该类工业机器人的发展方向。

（3）在工业机器人研究领域，学者们正朝着模糊控制、智能化、通用化、标准化、模块化、高精化、网络化及自我完善和修复能力等方向进行研发。

① 模糊控制和智能化

模糊控制是利用模糊数学的基本思想和理论的控制方法。对于复杂的系统，由于变量太多，用传统控制模型难以正确描述系统的动态，此时便可以用模糊数学来处理这些控制问题。未来机器人的特点在于其具有更高的智能。随着计算机技术、模糊控制技术、专家系统技术、人工神经网络技术和智能工程技术等高新技术的不断发展，工业机器人的工作能力将会有突破性的提高及发展。

② 通用化、标准化、模块化

工业机器人的组件及构件实现通用化、标准化、模块化是降低其成本的重要途径之一。

③ 高精化

随着制造业对机器人要求的提高，开发高精度工业机器人是必然的发展结果。

④ 网络化

目前应用的机器人大多仅实现了简单的网络通信和控制，如何使机器人由独立的系统向群体系统发展，实现远距离操作监控、维护及遥控，是目前机器人研究中的热点之一。

⑤ 自我完善和修复能力

机器人只有具有自我修复的能力，才能更好地避免因为突发状况导致的生产停顿。当出现错误指令时，应该自己进行报警或调试；当元器件损坏时，可以自我进行修复。

第2章 工业机器人运动学基础

为了控制工业机器人的运动，首先需要在工业机器人中建立相应的坐标系。在工业机器人中，描述工业机器人关节运动的坐标系称为关节坐标系，描述工业机器人末端位置和姿态的坐标系称为笛卡尔坐标系。工业机器人运动学主要研究工业机器人各个坐标系之间的运动关系，是对工业机器人进行运动控制的基础。

工业机器人运动学研究包含两类问题：一类是由工业机器人关节坐标系的坐标到工业机器人末端的位置与姿态之间的映射，即正向问题；另一类是由工业机器人末端的位置与姿态到工业机器人关节坐标系的坐标之间的映射，即逆向问题。显然，正向问题的解简单且唯一，逆向问题的解是复杂的，而且具有多解性。这给问题求解带来了困难，往往需要一些技巧与经验。

2.1 位置与姿态的描述

工业机器人是由一个个关节连接起来的多刚体，每个关节有其驱动伺服单元。因此，每个关节的运动都在各自的关节坐标系度量，而且每个关节的运动对工业机器人末端执行器的位置与姿态都做出贡献。为了研究各关节运动对工业机器人位置与姿态的影响，需要一种用以描述刚体位移、速度和加速度以及动力学问题的有效而又简便的数学方法。下面建立这些概念及其表示方法。

(1) 位置描述

一旦建立了一个坐标系，就能够用某个 3×1 位置矢量来确定该空间内任一点的位置。对于直角坐标系$\{A\}$，空间任一点 p 的位置可用 3×1 的列矢量来表示，具体见下式：

$$^{A}p=\begin{bmatrix}p_x\\p_y\\p_z\end{bmatrix} \tag{2-1}$$

式中，p_x、p_y、p_z 是点 p 在坐标系中的三个坐标分量。^{A}p 的上标 A 代表参考坐标系$\{A\}$。我们称^{A}p 为位置矢量，如图 2-1 所示。

(2) 方位描述

为了描述工业机器人的运动状况，不仅要确定工业机器人某关节或末端执行器的位置，而且需要确定机器人的方位。物体的方位可以通过固接于此物体的坐标系来描述。为了确定工业机器人某关节 B 的方位，设置一直角坐标系$\{B\}$与此关节固接，用坐标系$\{B\}$的三个单位主矢量 x_B、y_B、z_B 相对于参考坐标系$\{A\}$的方向余弦组成的 3×3 矩阵来表示此关节 B 相对于坐标系$\{A\}$的姿态，即：

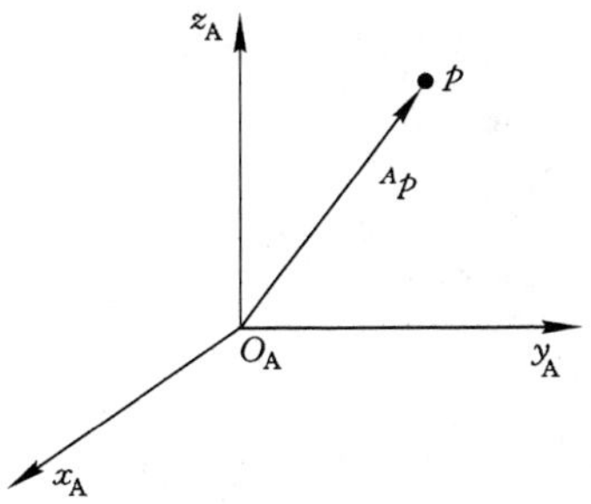

图 2-1　位置表示

$$ {}_B^AR = [{}^Ax_B \quad {}^Ay_B \quad {}^Az_B] = \begin{bmatrix} r_{11} & r_{12} & r_{13} \\ r_{21} & r_{22} & r_{23} \\ r_{31} & r_{32} & r_{33} \end{bmatrix} \tag{2-2}$$

式中，${}_B^AR$ 称为旋转矩阵，上标 A 代表参考坐标系$\{A\}$，下标 B 代表被描述的坐标系$\{B\}$。${}_B^AR$ 共有 9 个元素，但只有 3 个是独立的。由于含${}_B^AR$ 的三个列矢量${}^Ax_B$、${}^Ay_B$ 和${}^Az_B$ 都是单位矢量，且双双相互垂直，因而它的 9 个元素满足 6 个约束条件：

$$ {}^Ax_B \cdot {}^Ax_B = {}^Ay_B \cdot {}^Ay_B = {}^Az_B \cdot {}^Az_B = 1 \tag{2-3}$$

$$ {}^Ax_B \cdot {}^Ay_B = {}^Ay_B \cdot {}^Az_B = {}^Az_B \cdot {}^Ax_B = 0 \tag{2-4}$$

$$ {}_B^AR^{-1} = {}_B^AR^{\mathrm{T}};\ |{}_B^AR| = 1 \tag{2-5}$$

式中，上标 T 表示转置。

对应于轴 x、y 或 z 做转角为 θ 的旋转变换，其旋转矩阵分别为：

$$ R(x,\theta) = \begin{bmatrix} 1 & 0 & 0 \\ 0 & \mathrm{c}\theta & -\mathrm{s}\theta \\ 0 & \mathrm{s}\theta & \mathrm{c}\theta \end{bmatrix} \tag{2-6}$$

$$ R(y,\theta) = \begin{bmatrix} \mathrm{c}\theta & 0 & \mathrm{s}\theta \\ 0 & 1 & 0 \\ -\mathrm{s}\theta & 0 & \mathrm{c}\theta \end{bmatrix} \tag{2-7}$$

$$ R(z,\theta) = \begin{bmatrix} \mathrm{c}\theta & -\mathrm{s}\theta & 0 \\ \mathrm{s}\theta & \mathrm{c}\theta & 0 \\ 0 & 0 & 1 \end{bmatrix} \tag{2-8}$$

式中，s 表示 sin，c 表示 cos。

图 2-2 表示机器人末端执行器的方位。此末端执行器与坐标系$\{B\}$固接，并相对于参考坐标系$\{A\}$运动。

(3) 位姿描述

上面我们已经讨论了采用位置矢量描述点的位置，而用旋转矩阵描述物体的方位，为了完全描述刚体 B 在空间的位姿（位置和姿态），通常将物体 B 与某一坐标系$\{B\}$相固接。$\{B\}$的坐标原点一般选在物体 B 的特征点上，如质心等。相对参考系$\{A\}$，坐标系$\{B\}$的原点位置和坐标轴的方位，分别由位置矢量${}^Ap_{BO}$和旋转矩阵${}_B^AR$ 描述。这样，刚体 B 的位姿可由坐标系$\{B\}$来描述，即有：

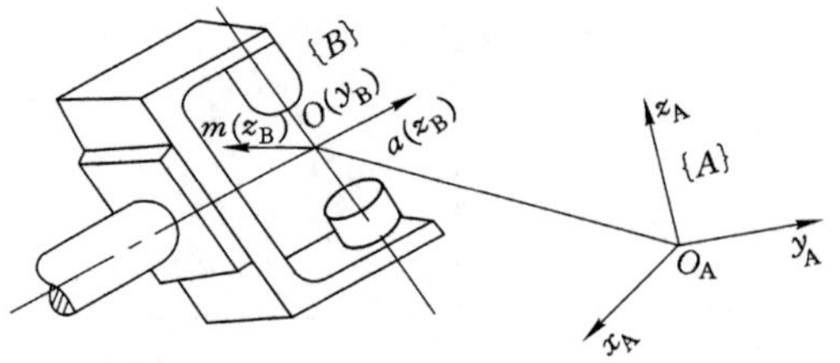

图 2-2　方位表示

$$\{B\} = \{{}_B^A R \quad {}^A p_{BO}\} \tag{2-9}$$

当表示位置时，式(2-9)中的旋转矩阵${}_B^A R = I$（单位矩阵）；当表示姿态时，式(2-9)中的位置矢量${}^A p_{BO} = 0$。

显然，每关节的运动都对机器人末端执行器的位置和姿态产生影响。每个关节的运动是在其各自的坐标系下度量的，如何将度量结果表示在相邻的坐标系中，这就需要坐标变换。

2.2　坐标变换

空间中任意点 p 在不同坐标系中的描述是不同的。为了阐明从一个坐标系的描述到另一个坐标系的描述关系，需要讨论这种变换的数学问题。

(1) 平移坐标变换

设坐标系$\{B\}$与$\{A\}$具有相同的姿态，但$\{B\}$坐标系的原点与$\{A\}$的原点不重合。用位置矢量${}_B^A p$ 描述$\{B\}$相对于$\{A\}$的位置，称${}_B^A p$ 为$\{B\}$相对于$\{A\}$的平移矢量，如图 2-3 所示。如果点 p 在坐标系$\{B\}$中的位置为${}^B p$，那么它相对于坐标系$\{A\}$的位置矢量${}^A p$ 由矢量相加可得：

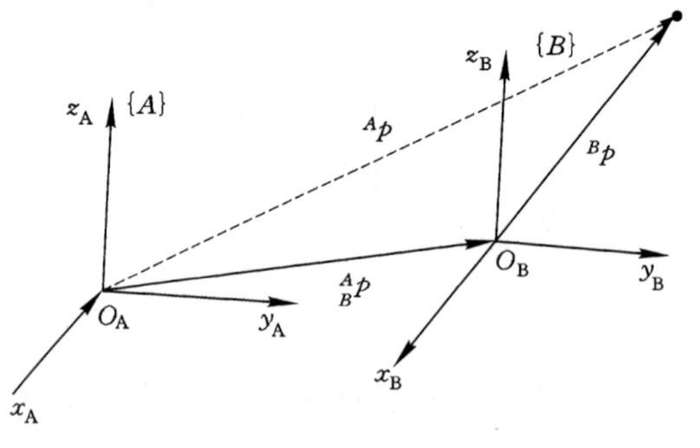

图 2-3　平移变换

$$ {}^A p = {}^B p + {}_B^A p \tag{2-10}$$

式(2-10)即为坐标平移方程。

(2) 旋转坐标变换

设坐标系$\{B\}$与$\{A\}$有共同的坐标原点，但两者的姿态不同，如图 2-4 所示。用旋转矩

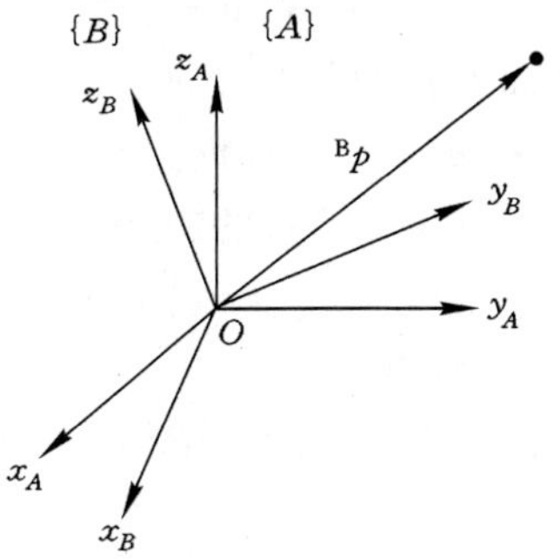

图 2-4　旋转变换

阵^A_BR 描述{B}相对于{A}的姿态。同一点 p 在两个坐标系{A}和{B}中的描述^Ap 和^Bp 具有如下变换关系：

$$^Ap={}^A_BR\,{}^Bp \tag{2-11}$$

式(2-11)即为坐标旋转方程。

假设坐标系{A}旋转 θ 角得到坐标系{B}，则式(2-11)可以具体描述成下式：

$$\begin{bmatrix} ^Ap_x \\ ^Ap_y \\ ^Ap_z \end{bmatrix}=\begin{bmatrix} c\theta & -s\theta & 0 \\ s\theta & c\theta & 0 \\ 0 & 0 & 1 \end{bmatrix}\begin{bmatrix} ^Bp_x \\ ^Bp_y \\ ^Bp_z \end{bmatrix} \tag{2-12}$$

可以类似地用^B_AR 描述坐标系{A}相对于{B}的方位。^A_BR 和^B_AR 都是正交矩阵，两者互逆。根据正交矩阵的性质，可得：

$$^B_AR={}^A_BR^{-1}={}^A_BR^{\mathrm{T}} \tag{2-13}$$

(3) 复合变换

设坐标系{B}与坐标系{A}的原点不重合，姿态也不相同。用位置矢量^A_Bp 描述{B}的坐标原点相对于{A}的位置；用旋转矩阵^A_BR 描述{B}相对于{A}的姿态，如图 2-5 所示。对于任一点 p 在两坐标系{A}和{B}中的描述^Ap 和^Bp 具有以下变换关系：

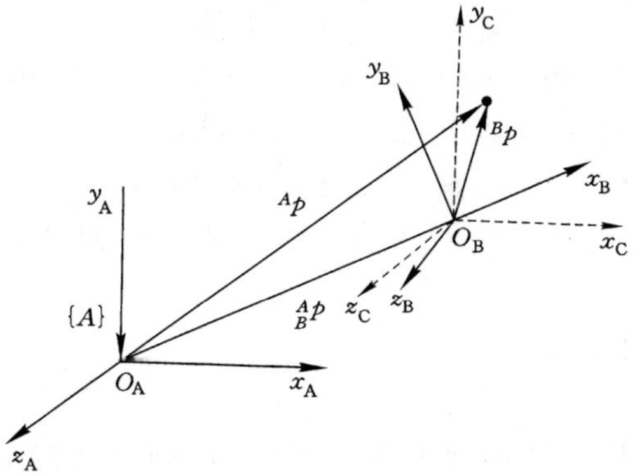

图 2-5　复合变换

$$^{A}p = {}^{A}_{B}R\,{}^{B}p + {}^{A}_{B}p \tag{2-14}$$

式(2-14)即为坐标旋转和坐标平移的复合变换。

如果规定一个过渡坐标系$\{C\}$，使$\{C\}$的坐标原点与$\{B\}$的原点重合，而$\{C\}$的姿态与$\{A\}$的相同。根据式(2-12)可得向过渡坐标系的旋转变换：

$$^{C}p = {}^{C}_{B}R\,{}^{B}p = {}^{A}_{B}R\,{}^{B}p \tag{2-15}$$

再由式(2-11)的平移变换，可得复合变换：

$$^{A}p = {}^{C}p + {}^{A}_{C}p = {}^{A}_{B}R\,{}^{B}p + {}^{A}_{B}p \tag{2-16}$$

2.3 齐次坐标变换

齐次坐标表示法是以$(N+1)$维矢量来表达N维位置矢量的方法。它不仅使坐标变换的数学表达更为方便，而且也具有坐标值缩放的实际意义。

(1) 齐次坐标变换

空间某点p的直角坐标描述和齐次坐标描述分别为：

$$p = \begin{bmatrix} x \\ y \\ z \end{bmatrix} \tag{2-17}$$

$$p' = \begin{bmatrix} wx \\ wy \\ wz \\ w \end{bmatrix} \tag{2-18}$$

式中，w为非零常数，是一坐标比例系数。

坐标原点的矢量，即零矢量表示为$[0,0,0,1]^{T}$。矢量$[0,0,0,0]^{T}$是没有定义的。具有形如$[a,b,c,0]^{T}$的矢量表示无限远矢量，用来表示方向，即用$[1,0,0,0]$、$[0,1,0,0]$、$[0,0,1,0]$分别表示x、y和z轴的方向。

将变换式(2-14)表示成等价的齐次坐标形式：

$$\begin{bmatrix} ^{A}p \\ 1 \end{bmatrix} = \begin{bmatrix} ^{A}_{B}R & ^{A}_{B}p \\ 0 & 1 \end{bmatrix} \begin{bmatrix} ^{B}p \\ 1 \end{bmatrix} \tag{2-19}$$

式中，4×1的列矢量表示三维空间的点，称为点的齐次坐标，仍然记为^{A}p或^{B}p。变换式(2-14)和式(2-19)是等价的。实质上，式(2-19)可写成：

$$^{A}p = {}^{A}_{B}R\,{}^{B}p + {}^{A}_{B}p;1 = 1 \tag{2-20}$$

位置矢量^{A}p和^{B}p到底是3×1的直角坐标还是4×1的齐次坐标，要根据上下文关系而定。

把式(2-20)写成矩阵形式：

$$^{A}p = {}^{A}_{B}T\,{}^{B}p \tag{2-21}$$

式中，齐次坐标^{A}p和^{B}p是4×1的列矢量，与式(2-14)中的维数不同，加入了第四个元素1。齐次变换矩阵${}^{A}_{B}T$是4×4的方阵，表示了平移变换和旋转变换，具有如下形式：

$${}^{A}_{B}T = \begin{bmatrix} ^{A}_{B}R & ^{A}_{B}p \\ 0 & 1 \end{bmatrix} \tag{2-22}$$

(2) 平移齐次坐标变换

由矢量 $ai+bj+ck$ 来描述空间某点，其中 i、j、k 为轴 x、y、z 上的单位矢量。此点也可用平移齐次坐标变换表示为：

$$\mathrm{Trans}(a,b,c)=\begin{bmatrix}1&0&0&a\\0&1&0&b\\0&0&1&c\\0&0&0&1\end{bmatrix}\tag{2-23}$$

式中，Trans 表示平移变换。

对已知矢量 $u=[x,y,z,w]^{\mathrm{T}}$ 进行平移变换所得的矢量 v 为：

$$v=\begin{bmatrix}1&0&0&a\\0&1&0&b\\0&0&1&c\\0&0&0&1\end{bmatrix}\begin{bmatrix}x\\y\\z\\w\end{bmatrix}=\begin{bmatrix}x+aw\\y+bw\\z+cw\\w\end{bmatrix}=\begin{bmatrix}x/w+a\\y/w+b\\z/w+c\\1\end{bmatrix}w\tag{2-24}$$

因为用非零常数乘以变换矩阵的每个元素，不改变该矩阵的特性，所以可把此变换看作矢量 $(x/w)i+(y/w)j+(z/w)k$ 与矢量 $ai+bj+ck$ 之和。

(3) 旋转齐次坐标变换

对应于轴 x、y、z 作转角为 θ 的旋转变换，由式(2-6)至式(2-8)中的矩阵进行增广，即可得：

$$\mathrm{Rot}(x,\theta)=\begin{bmatrix}1&0&0&0\\0&\mathrm{c}\theta&-\mathrm{s}\theta&0\\0&\mathrm{s}\theta&\mathrm{c}\theta&0\\0&0&0&1\end{bmatrix}\tag{2-25}$$

$$\mathrm{Rot}(y,\theta)=\begin{bmatrix}\mathrm{c}\theta&0&\mathrm{s}\theta&0\\0&1&0&0\\-\mathrm{s}\theta&0&\mathrm{c}\theta&0\\0&0&0&1\end{bmatrix}\tag{2-26}$$

$$\mathrm{Rot}(z,\theta)=\begin{bmatrix}\mathrm{c}\theta&-\mathrm{s}\theta&0&0\\\mathrm{s}\theta&\mathrm{c}\theta&0&0\\0&0&1&0\\0&0&0&1\end{bmatrix}\tag{2-27}$$

式中，Rot 表示旋转变换。

2.4 逆变换

给定坐标系$\{A\}$、$\{B\}$和$\{C\}$，若已知$\{B\}$相对$\{A\}$的描述为${}^{A}_{B}T$，$\{C\}$相对$\{B\}$的描述为${}^{B}_{C}T$，则：

$${}^{B}p={}^{B}_{C}T\,{}^{C}p\tag{2-28}$$

$${}^{A}p={}^{A}_{B}T\,{}^{B}p={}^{A}_{B}T\,{}^{B}_{C}T\,{}^{C}p\tag{2-29}$$

定义复合变换：

$$ {}_C^AT = {}_B^AT{}_C^BT \tag{2-30}$$

表示$\{C\}$相对于$\{A\}$的描述。据式(2-16)可得：

$$ {}_C^AT = {}_B^AT{}_C^BT = \begin{bmatrix} {}_B^AR & {}^Ap_{BO} \\ 0 & 1 \end{bmatrix} \begin{bmatrix} {}_C^BR & {}^Bp_{CO} \\ 0 & 1 \end{bmatrix} = \begin{bmatrix} {}_B^AR{}_C^BR & {}_B^AR{}^Bp_{CO} + {}^Ap_{BO} \\ 0 & 1 \end{bmatrix} \tag{2-31}$$

从坐标系$\{B\}$相对坐标系$\{A\}$的描述${}_B^AT$，求得$\{A\}$相对于$\{B\}$的描述${}_A^BT$，是齐次变换求逆问题。一种求解方法是直接对 4×4 的齐次变换矩阵${}_B^AT$ 求逆；另一种是利用齐次变换矩阵的特点，简化矩阵求逆运算。下面首先讨论变换矩阵求逆方法。

对于给定的${}_B^AT$，求${}_A^BT$，等价于给定${}_B^AR$ 和${}^Ap_{BO}$，计算${}_A^BR$ 和${}^Bp_{AO}$。利用旋转矩阵的正交性，可得：

$$ {}_A^BR = {}_B^AR^{-1} = {}_B^AR^{T} \tag{2-32}$$

再根据式(2-13)，求原点${}^Ap_{BO}$在坐标系$\{B\}$中的描述：

$$ {}^B({}^Ap_{BO}) = ({}_A^BR)({}^Ap_{BO}) + {}^Bp_{AO} \tag{2-33}$$

式中，${}^B({}^Ap_{BO})$表示$\{B\}$的原点相对于$\{B\}$的描述，为零矢量，因而上式为零，可得：

$$ {}^Bp_{AO} = (-{}_A^BR)({}^Ap_{BO}) = (-{}_B^AR)({}^{TA}p_{BO}) \tag{2-34}$$

综上分析，并据式(2-32)和式(2-34)经推算可得：

$$ {}_A^BT = \begin{bmatrix} {}_B^AR & (-{}_B^AR)({}^{AB}p_{BO}) \\ 0 & 1 \end{bmatrix} \tag{2-35}$$

式中，${}_A^BT = {}_B^AT^{-1}$。

式(2-35)提供了一种求解齐次变换逆矩阵的简便方法。

2.5 工业机器人运动学方程

工业机器人的工作是由控制器指挥的，对应于驱动末端位姿运动的各关节参数是需要实时计算的。当工业机器人执行工作任务时，其控制器根据加工轨迹指令规划好位姿序列数据，实时运用逆向运动学算法计算出关节参数序列，并依此驱动工业机器人关节，使末端按照预定的位姿序列运动。

工业机器人运动学或机构学从几何或机构的角度描述和研究工业机器人的运动特性，而不考虑引起这些运动的力或力矩的作用。工业机器人运动学中有如下两类基本问题：

① 工业机器人运动方程的表示问题，即正向运动学：对一给定的工业机器人，已知连杆几何参数和关节变量，欲求工业机器人末端执行器相对于参考坐标系的位置和姿态，这就需要建立工业机器人运动方程。运动方程的表示问题，即正向运动学，属于问题分析。因此，也可以把工业机器人运动方程的表示问题称为工业机器人运动的分析。

② 工业机器人运动方程的求解问题，即逆向运动学：已知工业机器人连杆的几何参数，给定工业机器人末端执行器相对于参考坐标系的期望位置和姿态，求工业机器人能够达到预期位姿的关节变量，这就需要对运动方程求解。工业机器人运动方程的求解问题，即逆向运动学，属于问题综合。因此，也可以把工业机器人运动方程的求解问题称为工业机器人运动的综合。

要知道工作物体和工具的位置，就要指定手臂逐点运动的速度。雅可比矩阵是由某个笛卡尔坐标系规定的各单个关节速度对最后一个连杆速度的线性变换。大多数工业机器人具有 6 个关节，这意味着雅可比矩阵是 6 阶方阵。

工业机器人是一系列由关节连接起来的连杆构成的一个运动链。将关节链上的一系列刚体称为连杆，通过转动关节或平动关节将相邻的两个连杆连接起来。六连杆机械手可具有 6 个自由度，每个连杆含有 1 个自由度，并能在其运动范围内任意定位与定向。按工业机器人的惯常设计，其中 3 个自由度用于规定位置，而另外 3 个自由度用来规定姿态。

(1) 运动姿态和方向角

图 2-6 表示工业机器人的一个夹手。把所描述的坐标系的原点置于夹手指尖的中心，此原点用矢量 p 表示。描述夹手方向的 3 个单位矢量的指向如下：z 向矢量处于夹手进入物体的方向上，并称之为接近矢量 a；y 向矢量的方向从一个指尖指向另一个指尖，处于规定夹手方向上，称为方向矢量 o；最后一个矢量叫作法线矢量 n，它与矢量 o 和 a 一起构成一个右手矢量集合，并由矢量的相乘所规定：$n=o\times a$。令 T_6 表示机械手的位置和姿态，因此，变换 T_6 具有下列元素：

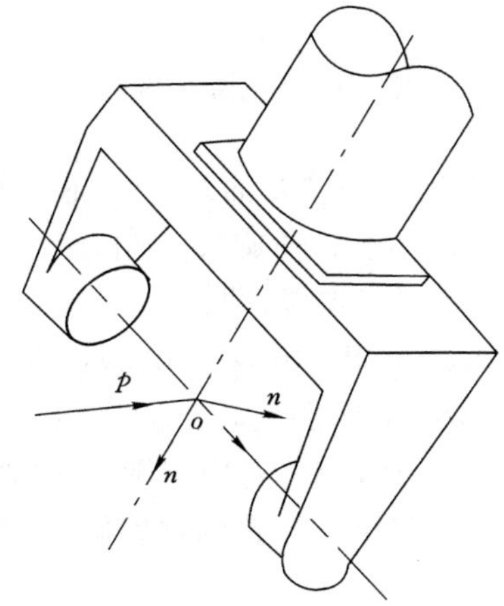

图 2-6　矢量 n、o、a 和 p

$$T=\begin{bmatrix} n_x & o_x & a_x & p_x \\ n_y & o_y & a_y & p_y \\ n_z & o_z & a_z & p_z \\ 0 & 0 & 0 & 1 \end{bmatrix} \tag{2-36}$$

六连杆机械手的 T 矩阵（T_6）可由指定其 16 个元素的数值来决定。在这 16 个元素中，12 个元素具有实际含义。底行由三个 0 和一个 1 组成，左列矢量 n 是第二列矢量 o 和第三列矢量 a 的交乘。当对 p 值不存在任何约束时，只要机械手能够到达期望位置，那么矢量 o 和 a 两者都是正交单位矢量，并且互相垂直，即有：$o\cdot o=1$，$a\cdot a=1$，$o\cdot a=0$。这些对矢量 o 和 a 的约束，使得对其分量的指定成为困难，除非是末端执行装置与坐标系处于平行这种简单情况。

机器人的运动姿态往往由一个绕轴 x、y 和 z 的旋转序列来规定。这种转角的序列，称为欧拉(Euler)角。欧拉角用一个绕 z 轴旋转 ϕ 角，再绕新的 y 轴(y')旋转 θ 角，最后围绕新的 z 轴(z'')旋转 ψ 角来描述任何可能的姿态，如图 2-7 所示。

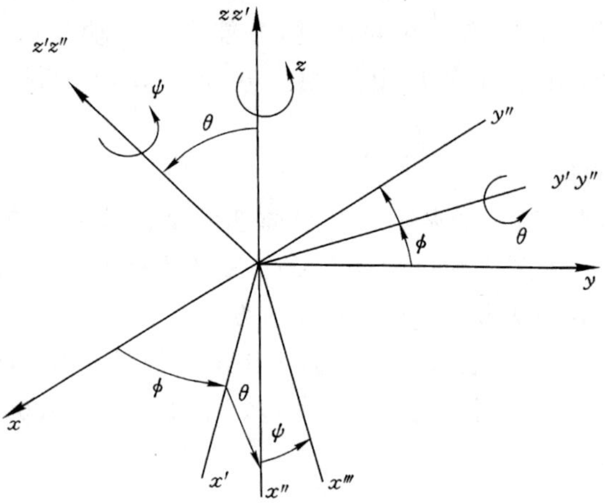

图 2-7　欧拉角的定义

在任何旋转序列下，旋转次序是十分重要的。这一旋转序列可由坐标系中相反的旋转次序来解释：先绕 z 轴旋转 ψ 角，再绕 y 轴旋转 θ 角，最后绕 z 轴旋转 ϕ 角。欧拉变换 $\mathrm{Euler}(\phi,\theta,\psi)$ 可由连乘 3 个旋转矩阵来求得，即：

$$\mathrm{Euler}(\phi,\theta,\psi)=\mathrm{Rot}(z,\phi)\mathrm{Rot}(y,\theta)\mathrm{Rot}(z,\psi) \tag{2-37}$$

另一种常用的旋转集合是横滚、俯仰和偏转。如果想象有只船沿着 z 轴方向航行，那么这时，横滚对应于围绕 z 轴旋转 ϕ 角，俯仰对应于围绕 y 轴旋转 θ 角，而偏转则对应于围绕 x 轴旋转 ψ 角。适用于机械手端部执行装置的这些旋转，如图 2-8 所示。

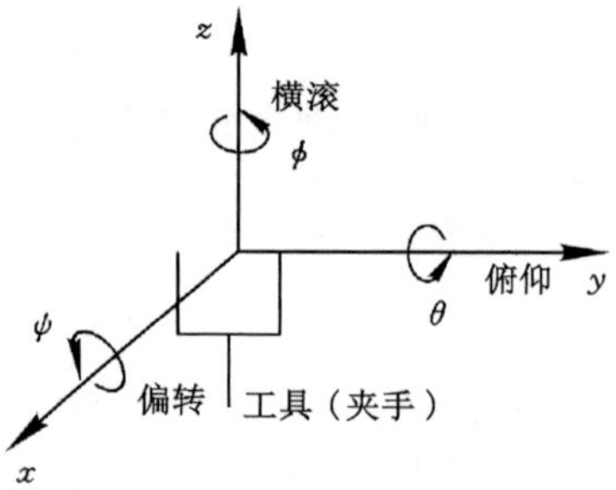

图 2-8　用横滚、俯仰和偏转表示工业机器人运动姿态

对于旋转次序，我们做如下规定：

$$\mathrm{RPY}(\phi,\theta,\psi)=\mathrm{Rot}(z,\phi)\mathrm{Rot}(y,\theta)\mathrm{Rot}(x,\psi) \tag{2-38}$$

式中，RPY 表示横滚、俯仰和偏转三旋转的组合变换。也就是说，先绕 x 轴旋转 ψ 角，再绕 y 轴旋转 θ 角，最后绕 z 轴旋 ϕ 角。此旋转变换计算如下：

$$\mathrm{RPY}(\phi,\theta,\psi)=\begin{bmatrix} c\phi & -s\phi & 0 & 0 \\ s\phi & c\phi & 0 & 0 \\ 0 & 0 & 1 & 0 \\ 0 & 0 & 0 & 1 \end{bmatrix}\begin{bmatrix} c\theta & 0 & -s\theta & 0 \\ 0 & 1 & 0 & 0 \\ -s\theta & 0 & c\theta & 0 \\ 0 & 0 & 0 & 1 \end{bmatrix}\begin{bmatrix} 1 & 0 & 0 & 0 \\ 0 & c\psi & -s\psi & 0 \\ 0 & s\psi & c\psi & 0 \\ 0 & 0 & 0 & 1 \end{bmatrix}$$

$$=\begin{bmatrix} c\phi c\theta & c\varphi s\theta s\psi - s\phi c\psi & c\phi s\theta c\psi + s\phi s\psi & 0 \\ s\phi s\theta & s\phi s\theta s\psi + c\phi c\psi & s\phi s\theta c\psi - c\phi s\psi & 0 \\ -s\theta & c\theta s\psi & c\theta c\psi & 0 \\ 0 & 0 & 0 & 1 \end{bmatrix} \tag{2-39}$$

(2) 运动位置和坐标

机械手的运动姿态由某个姿态变换规定之后，它在基系中的位置就能够由左乘一个对应于矢量 p 的平移变换来确定：

$$T_6=\begin{bmatrix} 1 & 0 & 0 & p_x \\ 0 & 1 & 0 & p_y \\ 0 & 0 & 1 & p_z \\ 0 & 0 & 0 & 1 \end{bmatrix} \tag{2-40}$$

这一平移变换可用不同的坐标来表示。

除了已经讨论过的笛卡尔坐标外，还可以用柱面坐标和球面坐标来表示这一平移。

① 用柱面坐标表示运动位置

首先用柱面坐标来表示机械手手臂的位置，即表示其平移变换。这对应于沿 x 轴平移 r，再绕 z 轴旋转 α，最后沿 z 轴平移 z，如图 2-9(a)所示，即为：

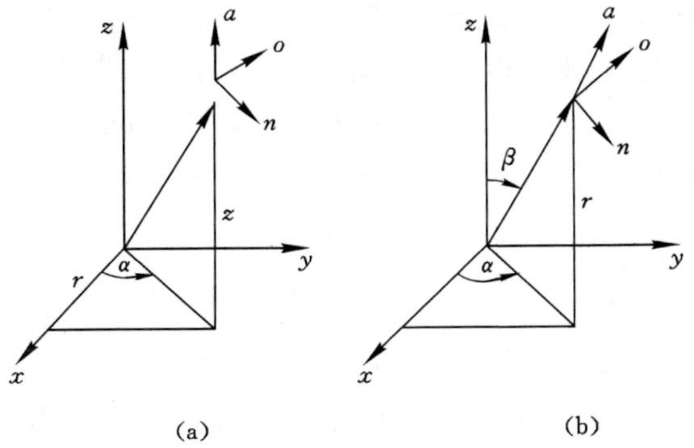

图 2-9　用柱面坐标和球面坐标表示位置

(a) 柱面坐标表示；(b) 球面坐标表示

$$\mathrm{Cyl}(z,\alpha,r)=\mathrm{Trans}(0,0,z)\mathrm{Rot}(z,\alpha)\mathrm{Trans}(r,0,0)$$

式中，Cyl 表示柱面坐标组合变换。计算上式并化简得：

$$\mathrm{Cyl}(z,\alpha,r)=\begin{bmatrix}1&0&0&0\\0&1&0&0\\0&0&1&z\\0&0&0&1\end{bmatrix}\begin{bmatrix}c\alpha&-s\alpha&0&0\\s\alpha&c\alpha&0&0\\0&0&1&0\\0&0&0&1\end{bmatrix}\begin{bmatrix}1&0&0&r\\0&1&0&0\\0&0&1&0\\0&0&0&1\end{bmatrix}$$

$$=\begin{bmatrix}c\alpha&-s\alpha&0&rc\alpha\\s\alpha&c\alpha&0&rs\alpha\\0&0&1&z\\0&0&0&1\end{bmatrix} \tag{2-41}$$

如果用某个如式(2-40)所示的姿态变换右乘上述变换式，那么，手臂将相对于基系绕 z 轴旋转 α 角。要是需要变换后机器人末端相对于基系的姿态不变，那么就应对式(2-41)绕 z 轴旋转一个 $-\alpha$ 角，则有：

$$\mathrm{Cyl}(z,\alpha,r)=\begin{bmatrix}c\alpha&-s\alpha&0&rc\alpha\\s\alpha&c\alpha&0&rs\alpha\\0&0&1&z\\0&0&0&1\end{bmatrix}\begin{bmatrix}c(-\alpha)&-s(-\alpha)&0&0\\s(-\alpha)&c(-\alpha)&0&0\\0&0&1&0\\0&0&0&1\end{bmatrix}$$

$$=\begin{bmatrix}1&0&0&rc\alpha\\0&1&0&rs\alpha\\0&0&1&z\\0&0&0&1\end{bmatrix} \tag{2-42}$$

式(2-42)就是用以解释柱面坐标 $\mathrm{Cyl}(z,\alpha,r)$ 的形式。

② 用球面坐标表示运动位置

现在讨论用球面坐标表示手臂运动位置矢量的方法。这个方法对应于沿 z 轴平移 r，再绕 y 轴旋转 β 角，最后绕 x 轴旋转 α 角，如图 2-9(b)所示，即为：

$$\mathrm{Sph}(\alpha,\beta,r)=\mathrm{Rot}(z,\alpha)\mathrm{Rot}(y,\beta)\mathrm{Trans}(0,0,r) \tag{2-43}$$

式中，Sph 表示球面坐标组合变换。对上式进行计算结果如下：

$$\mathrm{Sph}(\alpha,\beta,r)=\begin{bmatrix}c\alpha&-s\alpha&0&0\\s\alpha&c\alpha&0&0\\0&0&1&0\\0&0&0&1\end{bmatrix}\begin{bmatrix}c\beta&0&s\beta&0\\0&1&0&0\\-s\beta&0&c\beta&0\\0&0&0&1\end{bmatrix}\begin{bmatrix}1&0&0&0\\0&1&0&0\\0&0&1&r\\0&0&0&1\end{bmatrix}$$

$$=\begin{bmatrix}c\alpha c\beta&-s\alpha&c\alpha s\beta&rc\alpha s\beta\\s\alpha c\beta&c\alpha&s\alpha s\beta&rs\alpha s\beta\\-s\beta&0&c\beta&rc\beta\\0&0&0&1\end{bmatrix} \tag{2-44}$$

如果希望变换后机器人末端坐标系相对基系的姿态不变，那么就必须用 $\mathrm{Rot}(y,-\beta)$ 和

$\mathrm{Rot}(z,-\alpha)$右乘式(2-44)，即：

$$\mathrm{Sph}(\alpha,\beta,r)=\mathrm{Rot}(z,\alpha)\mathrm{Rot}(y,\beta)\mathrm{Trans}(0,0,r)\mathrm{Rot}(y,-\beta)\mathrm{Rot}(z,-\alpha)$$

$$=\begin{bmatrix}1 & 0 & 0 & r\mathrm{c}\alpha\,\mathrm{s}\beta\\0 & 1 & 0 & r\mathrm{s}\alpha\,\mathrm{s}\beta\\0 & 0 & 1 & r\mathrm{c}\beta\\0 & 0 & 0 & 1\end{bmatrix}\tag{2-45}$$

式(2-45)就是我们用于解释球面坐标的形式。

2.6　工业机器人正向运动学

为了解决根据给定机器人各关节变量确定手部位姿的问题，即实现由关节空间到笛卡尔空间的变换，下面我们将给出工业机器人正向运动学的概念。

2.6.1　正向运动学的变换矩阵

为了描述相邻杆件间平移和转动的关系，Denavit 和 Hartenberg 提出了一种矩阵分析方法(D-H 法)。D-H 方法是为每个关节处的杆件坐标系建立 4×4 齐次变换矩阵，来表示此关节处的杆件与前一个杆件坐标系的关系。这样，通过逐次变换，用手部坐标系表示的末端执行器可被变换并用基坐标系表示。

机器人每个杆件有四个参数：a_i、α_i、d_i 和 θ_i。若给出这些参数的正负号规则，则它们就可以完全确定机器人操作臂每一个杆件的位姿。这四个参数可分为两组：决定杆件结构的杆件参数(a_i，α_i)和决定相邻杆件相对位置的关节参数(d_i，θ_i)。

刚性杆件的 D-H 表示法利用上述四个参数可完全描述任何转动或移动关节，它们的定义如下。

a_i：是从 z_{i-1} 轴和 x_i 轴的交点到第 i 坐标系原点沿 x_i 轴的偏置距离(即 z_{i-1} 和 z_i 两轴间的最小距离)，称为连杆长度。

α_i：是绕 x_i 轴(按右手规则)由 z_{i-1} 轴转向 z_i 轴的偏角，称为连杆扭角。

d_i：是从第($i-1$)坐标系的原点到 z_{i-1} 轴和 x_i 轴的交点沿 z_{i-1} 轴的距离，称为两连杆距离。

θ_i：是绕 z_{i-1} 轴(按右手规则)由 x_{i-1} 轴转向 x_i 轴的关节角，称为两连杆夹角。

连杆连接主要有两种方式：转动关节和移动关节。对于转动关节，如图 2-10 所示，θ_i 为关节变量，连杆 i 的坐标系原点位于关节 i 和 $i+1$ 的公共法线与关节 $i+1$ 轴线的交点上。对于移动关节，如图 2-11 所示，d_i 为关节变量，其长度 a_i 没有意义，令其为零。移动关节的坐标系原点与下一个规定的连杆原点重合。

确定和建立每个坐标系应根据下面三条规则：

① z_{i-1} 轴沿着第 i 关节的运动轴。

② x_i 轴垂直 z_{i-1} 轴并指向离开 z_{i-1} 轴的方向。

③ y_i 轴按右手坐标系的要求建立。

按照这些规则，第 0 号坐标系在机座上的位置和方向可任选，只要 z 轴沿着第一关节运动轴即可。最后一个坐标系(第 n 个)可放在手的任何部位，只要 x_n 轴与 z_{n-1} 轴垂直即可。在机械手的端部，最后的位移 d_6 或旋转角度 θ_6 是相对于 z_5 而言的。选择连杆 6 的坐标系

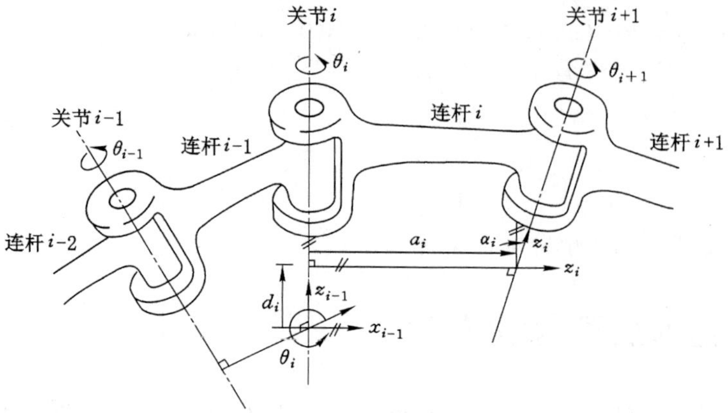

图 2-10　转动关节连杆四参数示意图

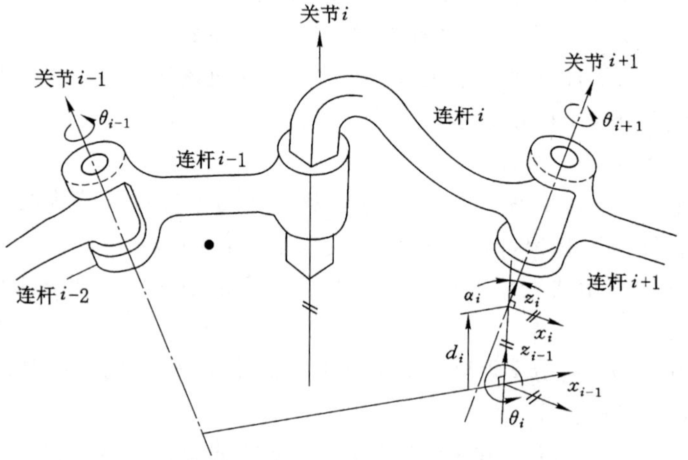

图 2-11　移动关节的连杆的参数示意图

原点，使之与连杆 5 的坐标系原点重合。如果所用末端执行器的原点和轴线与连杆 6 的坐标系不一致，那么此工具与连杆 6 的相对关系可由一个齐次变换矩阵来表示。

对全部连杆规定坐标系之后，就能够按照下列顺序通过两个旋转和两个平移来建立相邻两连杆 $i-1$ 与 i 之间的对应关系，如图 2-10 与图 2-11 所示。

① 将 x_{i-1} 轴绕 z_{i-1} 轴旋转 θ_i 角，使 x_{i-1} 轴同 x_i 轴对准。

② 沿 z_{i-1} 轴平移一距离 d_i，使 x_{i-1} 轴和 x_i 轴重合。

③ 沿 x_i 轴平移一距离 a_i，使连杆 $i-1$ 的坐标系原点与连杆 i 的坐标系原点重合。

④ 绕 x_i 轴旋转 α_i 角，使 z_{i-1} 转到与 z_i 同一直线上。

这种关系可由表示连杆 i 对连杆 $i-1$ 相对位置的 4 个齐次变换来描述，并叫作 A_i 矩阵，也叫作连杆变换矩阵。此关系式为：

$$A_i = \mathrm{Rot}(z, \theta_i)\mathrm{Trans}(0,0,d_i)\mathrm{Trans}(a_i,0,0)\mathrm{Rot}(x, a_i) \tag{2-46}$$

可以看出，一个 A_i 矩阵就是一个描述连杆坐标系间相对平移和旋转的齐次变换。

展开式(2-46)可得：

$$A_i=\begin{bmatrix} c\theta_i & -s\theta_i c\alpha_{i-1} & s\theta_i s\alpha_{i-1} & \alpha_{i-1}c\theta_i \\ s\theta_i & c\theta_i c\alpha_{i-1} & -c\theta_i s\alpha_{i-1} & \alpha_{i-1}s\theta_i \\ 0 & s\alpha_{i-1} & c\alpha_{i-1} & d_i \\ 0 & 0 & 0 & 1 \end{bmatrix} \tag{2-47}$$

对于移动联轴器，A_i 矩阵为：

$$A_i=\begin{bmatrix} c\theta_i & -s\theta_i c\alpha_{i-1} & s\theta_i s\alpha_{i-1} & 0 \\ s\theta_i & c\theta_i c\alpha_{i-1} & -c\theta_i s\alpha_{i-1} & 1 \\ 0 & s\alpha_{i-1} & c\alpha_{i-1} & d_i \\ 0 & 0 & 0 & 1 \end{bmatrix} \tag{2-48}$$

当机械手各连杆的坐标系被规定之后，就能够列出各连杆的常量参数。对于跟在旋转关节 i 后的连杆，这些参数为 d_i、a_{i-1} 和 α_{i-1}。对于跟在移动关节 i 后的连杆来说，这些参数为 θ_i 和 a_{i-1}。然后，α 角的正弦值和余弦值也可以计算出来。这样，A_i 矩阵就成为关节变量 θ 的函数（对于旋转关节）或变量 d 的函数（对于移动关节）。一旦求得这些数据，就能够确定 6 个 A_i 变换矩阵的值。

因为可以把机器人的机械手看作是一系列由关节连接起来的连杆构成的，所以将机械手的每一连杆建立一个坐标系，并用齐次变换来描述这些坐标系间的相对位置和姿态。如果 A_1 表示第一个连杆对于基系的位置和姿态，A_2 表示第二个连杆相对于第一个连杆的位置和姿态，那么第二个连杆在基系中的位置和姿态可由下列矩阵的乘积给出：

$$T_2=A_1A_2 \tag{2-49}$$

同理，若 A_3 表示第三个连杆相对于第二个连杆的位置和姿态，则有：

$$T_3=A_1A_2A_3 \tag{2-50}$$

机械手的末端装置即为连杆 6 的坐标系，它与连杆 $i-1$ 坐标系的关系可由 ${}^{i-1}T_6$ 表示，故：

$${}^{i-1}T_6=A_iA_{i+1}\cdots A_6 \tag{2-51}$$

连杆变换通式为：

$${}^{i-1}T_i=\begin{bmatrix} c\theta_i & -s\theta_i & 0 & \alpha_{i-1} \\ s\theta_i c\alpha_{i-1} & c\theta_i c\alpha_{i-1} & -s\alpha_{i-1} & -d_i s\alpha_{i-1} \\ s\theta_i s\alpha_{i-1} & c\theta_i s\alpha_{i-1} & c\alpha_{i-1} & d_i c\alpha_{i-1} \\ 0 & 0 & 0 & 1 \end{bmatrix} \tag{2-52}$$

而由式(2-51)，机械手端部对基座的关系 T_6 为：

$$T_6=A_1A_2A_3A_4A_5A_6 \tag{2-53}$$

一个六连杆机械手可具有 6 个自由度，每个连杆含有一个自由度，并能在其运动范围内任意定位与定向。其中，3 个自由度用于规定位置，而另外 3 个自由度用来规定姿态。所以 T_6 表示机械手的位置和姿态。

2.6.2　正向运动方程的求解

前面给出了机器人正向运动的变换矩阵。将上述系统扩展为具有 n 个关节的系统，其杆件 $0,1,\cdots,i,\cdots,n$ 通过关节 $1,\cdots,i,\cdots,n$ 相连接，则有：

$$T = A_1 A_2 \cdots A_i \cdots A_n \tag{2-54}$$

由此可知，这 n 个矩阵之积，表示了机器人手端坐标系相对于正向基础坐标系的位置与姿态，所以式(2-54)是机器人正向运动方程的解。

2.7 工业机器人逆向运动学

工业机器人的逆向运动学问题是已知机器人操作臂的位置与姿态，求工业机器人对应于这个位置与姿态的全部关节角。

2.7.1 逆向运动学问题的多解性与可解性

图 2-12 所示为一个二连杆机器人，对于一个给定的位置和姿态，它具有两组解。虚线和实线各代表一组解，且都能满足给定的位置与姿态，这就是多解性。多解性是由解反三角函数方程产生的。

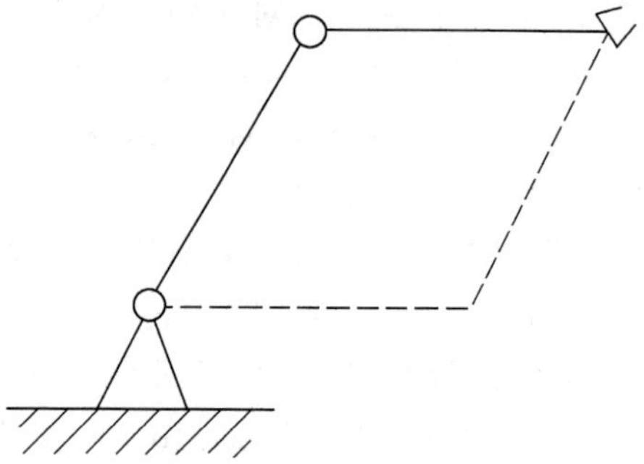

图 2-12　二连杆机器人

然而，对于一个实际工作中的机器人，只有一组解与实际情况相对应。因此，必须做出判断，以选择合适的解。通常，采用如下方法去剔除多余的解。

(1) 根据关节运动空间限制来选择合适的解

例如，求得某关节角的两个解为：

$$\theta_{iz} = 40°, \theta_{ij} = 40° + 180° = 220° \tag{2-55}$$

若该机器人第三关节运动空间为±100°，显然应选择 $\theta_i = 40°$。

(2) 选择一个最接近的解

为使机器人运动连续与平稳，当它具有多解时，应选择最接近上一时刻的解。

例如，求得某关节角的两个解仍为：

$$\theta_{i1} = 40°, \theta_{i2} = 220° \tag{2-56}$$

若该关节运动空间为±250°，其前一采样时刻 $\theta_{i(n-1)} = 160°$，则：

$$\begin{cases} \Delta\theta_{i1} = \theta_{i1} - \theta_{i(n-1)} = 40° - 160° = -120° \\ \Delta\theta_{i2} = \theta_{i2} - \theta_{i(n-1)} = 220° - 160° = 60° \end{cases} \tag{2-57}$$

显然，$\Delta\theta_{i2}$ 更接近前一时刻解，故应选择 $\theta_i = \theta_{i2} = 220°$。

(3) 根据避障要求来选择合适的解

如图 2-13 所示，原机器人在 A 点，希望它到达 B 点。一个好的选择应取关节运动量最小的接近解。当无障碍物时，应选择上面虚线所示的解，但有障碍物时，选择接近解必然会发生碰撞，这就迫使取更远解，即如图 2-13 下面虚线所示的解。

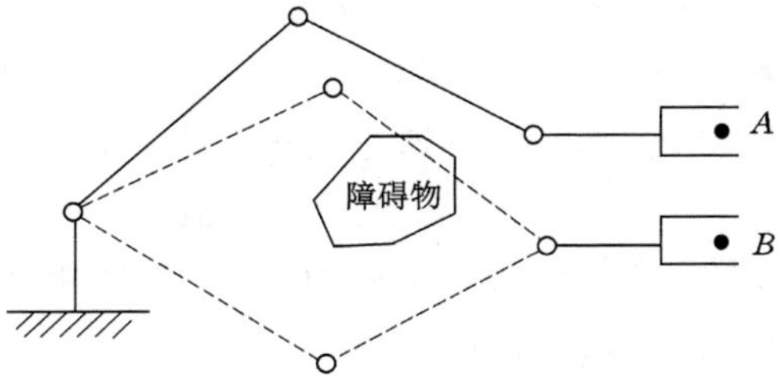

图 2-13　满足避障要求的解

2.7.2　逆向运动方程的求解

求解运动方程时，从 T_6 开始求解关节位置。使 T_6 的符号表达式的各元素等于 T_6 的一般形式，并据此确定 θ_1。其他 5 个关节参数不可能从 T_6 求得，因为所求得的运动方程过于复杂而无法求解它们。可以由上节讨论的其他 T 矩阵来求解它们。一旦求得 θ_1 之后，可由 A_1^{-1} 左乘 T_6 的一般形式，得：

$$A_1^{-1}T_6 = {}^1T_6 \tag{2-58}$$

式(2-58)中，左边为 θ_1 和 T_6 各元素的函数。此式可用来求解其他各关节变量，如 θ_2 等。

不断地用 A 的逆矩阵左乘上式，可得下列另四个矩阵方程式：

$$A_2^{-1}A_1^{-1}T_6 = {}^2T_6 \tag{2-59}$$

$$A_3^{-1}A_2^{-1}A_1^{-1}T_6 = {}^3T_6 \tag{2-60}$$

$$A_4^{-1}A_3^{-1}A_2^{-1}A_1^{-1}T_6 = {}^4T_6 \tag{2-61}$$

$$A_5^{-1}A_4^{-1}A_3^{-1}A_2^{-1}A_1^{-1}T_6 = {}^5T_6 \tag{2-62}$$

式(2-59)～式(2-62)中各方程的左式为 T_6 和前 $i-1$ 个关节变量的函数。可用这些方程来确定各关节的位置。

求解运动方程，即求得机械手各关节坐标，这对机械手的控制是至关重要的。根据 T_6 可以知道机器人的机械手要移动到什么地方，而且需要获得各关节的坐标值，以便进行这一移动。求解各关节的坐标，需要有直觉知识，这是将要遇到的一个最困难的问题。

下面分别介绍解析法和欧拉变换法求解运动方程的方法。

(1) 解析法求解逆向运动学问题

已知机器人的位置与姿态表达式为：

$$T = \begin{bmatrix} n_x & o_x & a_x & p_x \\ n_y & o_y & a_y & p_y \\ n_z & o_z & a_z & p_z \\ 0 & 0 & 0 & 1 \end{bmatrix} = A_1A_2\cdots A_i\cdots A_n \tag{2-63}$$

显然，可得到 n 个简单方程式，正是这些方程式产生了所要求的解。对于解析法，不是对 12 个方程式联立求解，而是用一个有规律的方法得到，在每一个方程式中用一系列变换矩阵的逆(A_1^{-1})左乘，然后考察方程式右端的元素，找出那些为零或常数的元素，并令这些元素与左端元素相等，以产生一个有效方程式，然后求解这个三角函数方程式。

此时，不能用反余弦来求关节角，这是因为用反余弦函数得到一个角度时，不仅符号是不确定的，而且角的精度取决于该角，即 $\cos\theta=\cos(-\theta)$ 和 $\mathrm{d}\cos(\theta)/\mathrm{d}\theta|_{0,180°}=0$。

因为 atan2（令 atan2 表示 arctan）函数提供两个自变量，即纵坐标 y 和横坐标 x，且它的精度在整个定义域内都是一样的，而且能够通过检查 y 和 x 的符号来确定该角 θ_i 所在的象限，如图 2-14 所示。该函数能使角在 $-\pi\leqslant\theta_i\leqslant\pi$ 内取值，当 x 或 y 为零时，也有确定的意义。因此，在求解时总是采用双变量反正切函数 atan2 来确定角度。

（2）欧拉变换法求解逆向运动学问题

机械手的运动姿态往往由一个绕轴 x、y 和 z 的旋转序列来规定。这种转角的序列称为欧拉角。欧拉角用绕 z 轴旋转 ϕ 角，再绕新的 y 轴（y'）旋转 θ 角，最后绕新的 z 轴（z'）旋转 ψ 角来描述任何可能的姿态，如图 2-15 所示。

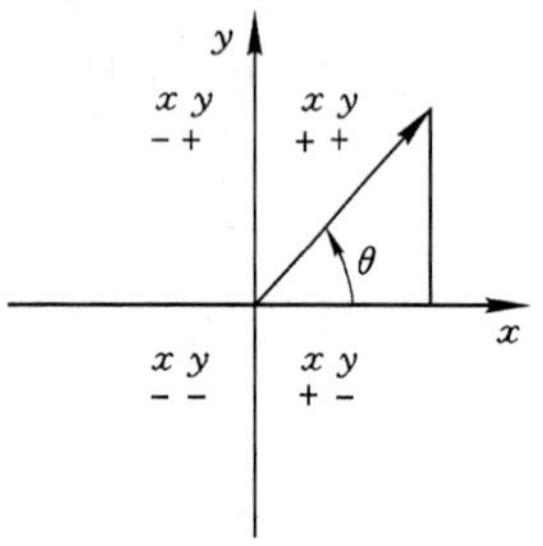

图 2-14　反正切函数 atan2

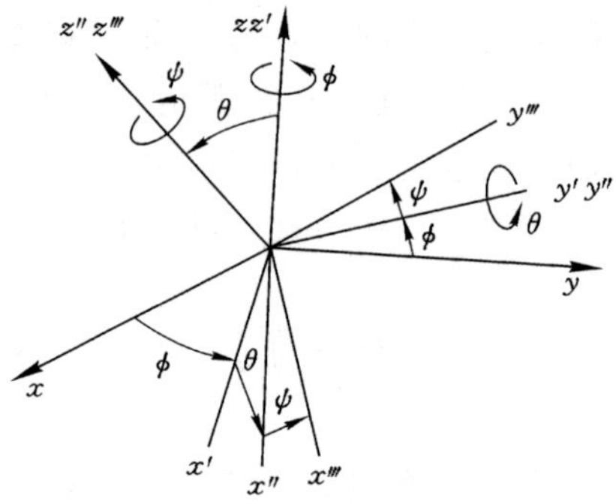

图 2-15　欧拉角的定义

在任何旋转序列下，旋转次序是十分重要的。这一旋转序列可由基系中相反的旋转次序来解释：先绕 z 轴旋转 ψ 角，再绕 y 轴旋转 θ 角，最后绕 z 轴旋转 ϕ 角。

欧拉变换 $\mathrm{Euler}(\phi,\theta,\psi)=\mathrm{Rot}(z,\phi)\mathrm{Rot}(y,\theta)\mathrm{Rot}(z,\psi)$。

$$\mathrm{Euler}(\phi,\theta,\psi)=\begin{bmatrix} c\phi & -s\phi & 0 & 0 \\ s\phi & c\phi & 0 & 0 \\ 0 & 0 & 1 & 0 \\ 0 & 0 & 0 & 1 \end{bmatrix}\begin{bmatrix} c\theta & 0 & s\theta & 0 \\ 0 & 1 & 0 & 0 \\ -s\theta & 0 & c\theta & 0 \\ 0 & 0 & 0 & 1 \end{bmatrix}\begin{bmatrix} c\psi & -s\psi & 0 & 0 \\ s\psi & c\psi & 0 & 0 \\ 0 & 0 & 1 & 0 \\ 0 & 0 & 0 & 1 \end{bmatrix}$$

$$=\begin{bmatrix} c\phi c\theta c\psi - s\phi s\psi & -c\phi c\theta s\psi - s\phi s\psi & c\phi s\theta & 0 \\ s\phi c\theta c\psi + c\phi s\psi & -s\phi c\theta s\psi + c\phi c\psi & s\phi s\theta & 0 \\ -s\theta c\psi & s\theta s\psi & c\theta & 0 \\ 0 & 0 & 0 & 1 \end{bmatrix} \tag{2-64}$$

① 基本隐式方程的解

首先令：

$$\mathrm{Euler}(\phi,\theta,\psi)=T \tag{2-65}$$

由式(2-65)知：

$$\mathrm{Euler}(\phi,\theta,\psi)=\mathrm{Rot}(z,\phi)\mathrm{Rot}(y,\theta)\mathrm{Rot}(z,\psi) \tag{2-66}$$

任一变换 T，要求得 ϕ、θ 和 ψ。也就是说，已知 T 矩阵各元素的数值，如何求其所对应的 ϕ、θ 和 ψ 值。

由式(2-65)和式(2-66)，有下式：

$$\begin{bmatrix} n_x & o_x & a_x & p_x \\ n_y & o_y & a_y & p_y \\ n_z & o_z & a_z & p_z \\ 0 & 0 & 0 & 1 \end{bmatrix} = \begin{bmatrix} c\phi c\theta c\psi - s\phi s\psi & -c\phi c\theta s\psi - s\phi s\psi & c\phi s\theta & 0 \\ s\phi c\theta c\psi + c\phi s\psi & -s\phi c\theta s\psi + c\phi c\psi & s\phi s\theta & 0 \\ -s\theta c\psi & s\theta s\psi & c\theta & 0 \\ 0 & 0 & 0 & 1 \end{bmatrix} \tag{2-67}$$

令矩阵方程两边各对应元素一一相等，可得 16 个方程式，其中有 12 个为隐式方程，将从这些隐式方程求得所需解。在式(2-67)中，只有 9 个隐式方程，因为其平移坐标也是明显解。这些隐式方程如下：

$$n_x = c\phi c\theta c\psi - s\phi s\psi \tag{2-68}$$

$$n_y = s\phi c\theta c\psi + c\phi s\psi \tag{2-69}$$

$$n_z = -s\theta c\psi \tag{2-70}$$

$$o_x = -c\phi c\theta s\psi - s\phi c\psi \tag{2-71}$$

$$o_y = -s\phi c\theta s\psi + c\phi c\psi \tag{2-72}$$

$$o_z = s\theta s\psi \tag{2-73}$$

$$a_x = c\phi s\theta \tag{2-74}$$

$$a_y = s\phi s\theta \tag{2-75}$$

$$a_z = c\theta \tag{2-76}$$

② 用显式方程求各角度

要求得方程的解，可采用另一种通常能够导致显式解答的方法。用未知逆变换依次左乘已知方程，对于欧拉变换有：

$$\mathrm{Rot}(z,\phi)^{-1} T = \mathrm{Rot}(y,\theta)\mathrm{Rot}(z,\psi) \tag{2-77}$$

$$\mathrm{Rot}(y,\theta)^{-1}\mathrm{Rot}(z,\phi)^{-1} T = \mathrm{Rot}(z,\psi) \tag{2-78}$$

式(2-78)的左式为已知变换 T 和 ϕ 的函数，而右式各元素或者为 0，或者为常数。令方程式的两边对应元素相等，对于式(2-78)即有：

$$\begin{bmatrix} c\phi & s\phi & 0 & 0 \\ -s\phi & c\phi & 0 & 0 \\ 0 & 0 & 1 & 0 \\ 0 & 0 & 0 & 1 \end{bmatrix} \begin{bmatrix} n_x & o_x & a_x & p_x n_y \\ n_z & o_z & a_z & p_z \\ 0 & 0 & 0 & 1 \end{bmatrix} = \begin{bmatrix} c\theta c\varphi & -c\theta s\varphi & s\theta & 0 \\ s\varphi & c\varphi & 0 & 0 \\ -s\theta c\varphi & s\theta s\varphi & c\theta & 0 \\ 0 & 0 & 0 & 1 \end{bmatrix} \tag{2-79}$$

在计算此方程左式之前，用下列形式来表示乘积：

$$\begin{bmatrix} f_{11}(n) & f_{11}(o) & f_{11}(a) & f_{11}(p) \\ f_{12}(n) & f_{12}(o) & f_{12}(a) & f_{12}(p) \\ f_{13}(n) & f_{13}(o) & f_{13}(a) & f_{13}(p) \\ 0 & 0 & 0 & 1 \end{bmatrix}$$

其中，$f_{11} = c\phi x + s\phi y$，$f_{12} = -s\phi x + c\phi y$，$f_{13} = z$，而 x、y 和 z 为 f_{11}、f_{12} 和 f_{13} 的各相应分量，例如：

$$f_{11}(p) = c\phi p_x + s\phi p_y \tag{2-80}$$

$$f_{12}(a) = -s\phi a_x + c\phi a_y \tag{2-81}$$

于是，可把式(2-79)重写为：

$$\begin{bmatrix} f_{11}(n) & f_{11}(o) & f_{11}(a) & f_{11}(p) \\ f_{12}(n) & f_{12}(o) & f_{12}(a) & f_{12}(p) \\ f_{13}(n) & f_{13}(o) & f_{13}(a) & f_{13}(p) \\ 0 & 0 & 0 & 1 \end{bmatrix} = \begin{bmatrix} c\theta c\psi & -c\theta s\psi & s\theta & 0 \\ s\psi & c\psi & 0 & 0 \\ -s\theta c\psi & s\theta s\psi & c\theta & 0 \\ 0 & 0 & 0 & 1 \end{bmatrix} \tag{2-82}$$

检查上式右端可见，p_x、p_y 和 p_z 均为 0。这是所期望的，因为欧拉变换不产生任何平移。此外，位于第二行第三列的元素也为 0。所以可得 $f_{12}(a)=0$，即：

$$-s\phi a_x + c\phi a_y = 0 \tag{2-83}$$

上式两边分别加上 $s\phi a_x$，再除以 $c\phi a_x$，则有：

$$\tan\phi = \frac{s\phi}{c\phi} = \frac{a_y}{a_x} \tag{2-84}$$

这样，即可以从反正切函数 atan2 得到

$$\phi = \text{atan2}(a_y, a_x) \tag{2-85}$$

对式(2-84)两边分别加上 $-c\phi a_y$，然后除以 $-c\phi a_x$，则得：

$$\tan\phi = \frac{s\phi}{c\phi} = \frac{-a_y}{-a_x} \tag{2-86}$$

这时可得式(2-85)的另一个解为：

$$\phi = \text{atan2}(-a_y, -a_x) \tag{2-87}$$

式(2-85)与式(2-87)两解相差 180°。

除非出现 a_y 和 a_x 同时为 0 的情况，否则总能得到式(2-83)的两个相差 180°的解。当 a_y 和 a_x 均为 0 时，角度 ϕ 没有定义。这种情况是在机械手臂垂直向上或向下，且 ϕ 和 ψ 两角又对应于同一旋转时出现的。这种情况称为退化。这时，任取 $\phi=0$。

求得 ϕ 值之后，式(2-83)左式的所有元素也就随之确定。令左式元素与右边对应元素相等，可得 $s\theta=f_{11}(a)$，$c\theta=f_{13}(a)$，或 $s\theta=c\phi a_x+s\phi a_y$，$c\theta=a_z$。于是有：

$$\theta = \text{atan2}(c\phi a_x + s\phi a_y, a_z) \tag{2-88}$$

当正弦和余弦都确定时，角度 θ 总是唯一确定的，而且不会出现前述角度 ϕ 那种退化问题。

最后求解角度 ψ。由式(2-83)有 $s\psi=f_{12}(n)$，$c\psi=f_{12}(o)$，或 $s\psi=-s\phi n_x+c\phi n_y$，$c\phi=-s\phi o_x+c\phi o_y$，从而得到

$$\psi = \text{atan2}(-s\phi n_x + c\phi n_y, -s\phi o_z + c\phi o_y) \tag{2-89}$$

概括地说，如果已知一个表示任意旋转的齐次变换，那么就能够确定其等价欧拉角：

$$\begin{gathered} \phi = \text{atan2}(a_y, a_x), \phi = \phi + 180^\circ \\ \theta = \text{atan2}(c\phi a_x + s\phi a_y, a_z) \\ \psi = \text{atan2}(-s\phi n_x + c\phi n_y, -s\phi o_x + c\phi o_y) \end{gathered} \tag{2-90}$$

第 3 章　工业机器人动力学基础

工业机器人的动力学主要研究和分析作用于机器人上的力和力矩。为了使机器人加速运动，驱动器必须提供足够的力和力矩来驱动机器人运动。通过建立机器人的动力学方程来确定力、质量和加速度以及力矩、转动惯量和角加速度之间的关系，并计算出完成机器人特定运动时各驱动器所需的驱动力。通过工业机器人动力学分析，设计者可依据机器人的外部载荷计算出机器人的最大载荷，进而为机器人选择合适的驱动器。

如同运动学，动力学也有两个相反的问题。动力学正问题是已知机械手各关节的作用力或力矩，求各关节的位移、速度和加速度，即运动轨迹。动力学逆问题是已知机械手的运动轨迹，即各关节的位移、速度和加速度，求各关节所需要的驱动力或力矩。

随着工业机器人向高精度、高速、重载及智能化方向发展，对机器人设计和控制方面的要求更高了，尤其是对控制方面，机器人要求动态实时控制的场合越来越多了，所以机器人的动力学分析尤为重要。本章以工业机器人为例讨论工业机器人的动力学。

工业机器人是复杂的动力学系统，由多个连杆和多个关节组成，具有多个输入和多个输出，存在着错综复杂的耦合关系和严重的非线性。目前，常用的方法有拉格朗日法和牛顿-欧拉法等方法。其中，牛顿-欧拉法是基于运动坐标系和达朗贝尔原理来建立相应的运动方程，是力的动态平衡法。当用此法时，需从运动学出发求得加速度，并消去各内作用力。对于较复杂的系统，此种分析方法十分复杂与麻烦。拉格朗日法是功能平衡法，它只需要速度而不必求内作用力。因此，这是一种直接而简便的方法。

3.1　刚体动力学

我们把拉格朗日函数 L 定义为系统的动能 K 和位能 P 之差，即：

$$L = K - P \tag{3-1}$$

式中，K 为机器人手臂的总动能；P 为机器人手臂的总势能。

机器人系统动力学方程式，即拉格朗日方程如下：

$$F_i = \frac{\mathrm{d}}{\mathrm{d}t}\frac{\partial L}{\partial \dot{q}_i} - \frac{\partial L}{\partial q_i}, \quad i = 1,2,\cdots,n \tag{3-2}$$

式中，q_i 为表示动能和位能的坐标；$\dot{q}_i$ 为相应的速度；F_i 为作用在第 i 个坐标上的力或是力矩，F_i 是力或是力矩，是由 q_i 为直线坐标或角坐标决定的。这些力、力矩和坐标称为广义力、广义力矩和广义坐标，n 为连杆数目。

3.1.1　刚体的动能与位能

根据力学原理，对如图 3-1 所示的一般物体平动时所具有的动能和位能进行如下计算：

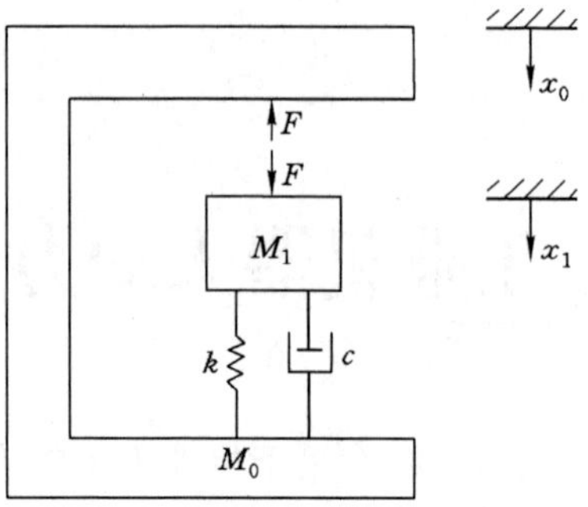

图 3-1　一般物体的动能与位能

$$\begin{cases} K = \frac{1}{2}M_1\dot{x}_1^2 + \frac{1}{2}M_0\dot{x}_0^2 \\ P = \frac{1}{2}k(x_1 - x_0)^2 - M_1gx_1 - M_0gx_0 \\ D = \frac{1}{2}c(\dot{x}_1 - \dot{x}_0)^2 \\ W = Fx_1 - Fx_0 \end{cases} \tag{3-3}$$

式中，K、P、D 和 W 分别表示物体所具有的动能、位能、所消耗的能量和外力所做的功；M_0 和 M_1 为支架和运动物体的质量；x_0 和 x_1 为运动坐标；g 为重力加速度；k 为弹簧胡克系数；c 为摩擦因数；F 为外施作用力。

对于这一问题，存在两种情况：

(1) 当 $x_0=0$ 时，x_1 为广义坐标

$$\frac{\mathrm{d}}{\mathrm{d}t}\left(\frac{\partial K}{\partial \dot{x}_1}\right) - \frac{\partial K}{\partial x_1} + \frac{\partial D}{\partial \dot{x}_1} + \frac{\partial P}{\partial x_1} = \frac{\partial W}{\partial x_1} \tag{3-4}$$

其中，左式第一项为动能随速度(或角速度)和时间的变化；第二项为动能随位置(或角度)的变化；第三项为能耗随速度的变化；第四项为位能随位置的变化。右式为实际外加力或力矩。代入相应各项的表达式，并化简可得：

$$\frac{\mathrm{d}}{\mathrm{d}t}(M_1\dot{x}_1) - 0 + c_1\dot{x}_1 + kx_1 - M_1g = F \tag{3-5}$$

表示为一般形式为：

$$M_1\ddot{x} + c_1\dot{x}_1 + kx_1 = F + M_1g \tag{3-6}$$

式(3-6)即为所求 $x_0=0$ 时的动力学方程式。其中，左式三项分别表示物体的加速度、阻力和弹力，而右式两项分别表示外加作用力和重力。

(2) 当 $x_0=0$ 时，x_0 和 x_1 均为广义坐标

这时有下式：

$$M_1\ddot{x}_1 + c(\dot{x}_1 - \dot{x}_0) + k(x_1 - x_0) - M_1g = F \tag{3-7}$$

$$M_0\ddot{x}_0 + c(\dot{x}_1 - \dot{x}_0) - k(x_1 - x_0) - M_0g = -F \tag{3-8}$$

或用矩阵形式表示为：

$$\begin{bmatrix} M_1 & 0 \\ 0 & M_0 \end{bmatrix} \begin{bmatrix} \ddot{x}_1 \\ \ddot{x}_0 \end{bmatrix} + \begin{bmatrix} c & -c \\ -c & c \end{bmatrix} \begin{bmatrix} \dot{x}_1 \\ \dot{x}_0 \end{bmatrix} + \begin{bmatrix} k & -k \\ -k & k \end{bmatrix} \begin{bmatrix} x_1 \\ x_0 \end{bmatrix} = \begin{bmatrix} F \\ -F \end{bmatrix} \tag{3-9}$$

下面来考虑二连杆机械手(图 3-2)的动能和位能。这种运动机构具有开式运动链，与复摆运动有许多相似之处。图中，m_1 和 m_2 为连杆 1 和连杆 2 的质量，且以连杆末端的点质量表示；d_1 和 d_2 分别为两连杆的长度；θ_1 和 θ_2 为广义坐标；g 为重力加速度。

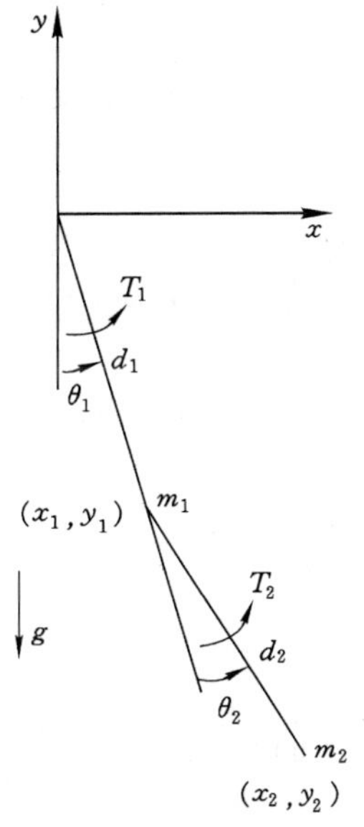

图 3-2　二连杆机械手

先计算连杆 1 的动能 K_1 和位能 P_1。

因为：

$$K_1 = \frac{1}{2} m_1 v_1^2, \quad v_1 = d_1 \dot{\theta}_1, \quad P_1 = m_1 g h_1, \quad h_1 = -d_1 \cos\theta_1 \tag{3-10}$$

所以有：

$$K_1 = \frac{1}{2} m_1 d_1^2 \theta_1^2 \tag{3-11}$$

$$P_1 = -m_1 g d_1 \cos\theta_1 \tag{3-12}$$

再求连杆 2 的动能 K_1 和位能 P_2：

$$K_2 = \frac{1}{2} m_2 v_2^2, \quad P_2 = m g y_2 \tag{3-13}$$

其中：

$$\begin{cases} v_2^2 = \dot{x}_2^2 + \dot{y}_2^2 \\ x_2 = d_1 \sin\theta_1 + d_2 \sin(\theta_1 + \theta_2) \\ y_2 = -d_1 \cos\theta_1 - d_2 \cos(\theta_1 + \theta_2) \\ \dot{x}_2 = d_1 \cos\theta_1 \dot{\theta}_1 + d_2 \cos(\theta_1 + \theta_2)(\dot{\theta}_1 + \dot{\theta}_2) \\ \dot{y}_2 = d_2 \sin\theta_1 \dot{\theta}_1 + d_2 \sin(\theta_1 + \theta_2)(\dot{\theta}_1 + \dot{\theta}_2) \end{cases} \tag{3-14}$$

于是可求得：

$$v_2^2 = d_1^2 \dot{\theta}_1^2 + d_2^2 (\dot{\theta}_1^2 + 2\dot{\theta}_1 \dot{\theta}_2 + \dot{\theta}_2^2) + 2 d_1 d_2 \cos\theta_2 (\dot{\theta}_1^2 + \dot{\theta}_1 \dot{\theta}_2) \tag{3-15}$$

$$K_2 = \frac{1}{2} m_2 d_1^2 \dot{\theta}_1^2 + \frac{1}{2} m_2 d_2^2 (\dot{\theta}_1 + \dot{\theta}_2)^2 + m_2 d_1 d_2 \cos\theta_2 (\dot{\theta}_1^2 + \dot{\theta}_1 \dot{\theta}_2) \tag{3-16}$$

$$P_2 = -m_2 g d_1 \cos\theta_1 - m_2 g d_2 \cos(\theta_1 + \theta_2) \tag{3-17}$$

这样，二连杆机械手系统的总动能和总位能分别为：

$$K = K_1 + K_2 = \frac{1}{2}(m_1 + m_2) d_1^2 \theta_1^2 + \frac{1}{2} m_2 d_2^2 (\dot{\theta}_1 + \dot{\theta}_2)^2 + m_2 d_1 d_2 \cos\theta_2 (\dot{\theta}_1^2 + \dot{\theta}_1 \dot{\theta}_2) \tag{3-18}$$

$$P = P_1 + P_2 = -(m_1 - m_2) g d_1 \cos\theta_1 - m_2 g d_2 \cos(\theta_1 + \theta_2) \tag{3-19}$$

3.1.2　动力学方程的求法

(1) 拉格朗日功能平衡法

二连杆机械手系统的拉格朗日函数 L 可据式(3-1)、式(3-18)和式(3-19)求得：

$$L=K-P=\frac{1}{2}(m_1+m_2)d_1^2\dot{\theta}_1^2+\frac{1}{2}m_2d_2^2(\dot{\theta}_1^2+2\dot{\theta}_1\dot{\theta}_2^2)+m_2d_1d_2\cos\theta_2(\dot{\theta}_1^2+\dot{\theta}_1\dot{\theta}_2)+(m_1+m_2)gd_1\cos\theta_1+m_2gd_2\cos(\theta_1+\theta_2) \tag{3-20}$$

对 L 求偏导数和导数：

$$\begin{cases}\dfrac{\partial L}{\partial \theta_1}=-(m_1+m_2)gd_1\sin\theta_1-m_2gd_2\sin(\theta_1+\theta_2)\\ \dfrac{\partial L}{\partial \theta_2}=-m_2d_1d_2\sin\theta_2(\dot{\theta}_1^2+\dot{\theta}_1\dot{\theta}_2)-m_2gd_2\sin(\theta_1+\theta_2)\\ \dfrac{\partial L}{\dot{\theta}_1}=(m_1+m_2)d_1^2\dot{\theta}_1+m_2d_2^2\dot{\theta}_1+m_2d_2^2\dot{\theta}_2+2m_2d_1d_2\cos\theta_2\dot{\theta}_1+m_2d_1d_2\cos\theta_2\dot{\theta}_2\\ \dfrac{\partial L}{\partial \dot{\theta}_2}=m_2d_2^2\dot{\theta}_1+m_2d_2^2\dot{\theta}_2+m_2d_1d_2\cos\theta_2\dot{\theta}_1\end{cases} \tag{3-21}$$

$$\frac{\mathrm{d}}{\mathrm{d}t}\frac{\partial L}{\partial \dot{\theta}_1}=[(m_1+m_2)d_1^2+m_2d_2^2+2m_2d_1d_2\cos\theta_2]\ddot{\theta}+(m_2d_2^2+m_2d_1d_2\cos\theta_2)\ddot{\theta}_2-2m_2d_1d_2\sin\theta_2\dot{\theta}_1\dot{\theta}_2-m_2d_1d_2\sin\theta_2\dot{\theta}_2^2 \tag{3-22}$$

$$\frac{\mathrm{d}}{\mathrm{d}t}\frac{\partial L}{\partial \dot{\theta}_2}=m_2d_2^2\ddot{\theta}_1+m_2d_2^2\ddot{\theta}_2+m_2d_1d_2\cos\theta_2\ddot{\theta}_1-m_2d_1d_2\sin\theta_2\dot{\theta}_1\dot{\theta}_2 \tag{3-23}$$

把相应各导数和偏导数代入式(3-2)，即可求得力矩 T_1 和 T_2 的动力学方程式：

$$\begin{aligned}T_1&=\frac{\mathrm{d}}{\mathrm{d}t}\frac{\partial L}{\partial \dot{\theta}_1}-\frac{\partial L}{\partial \theta_1}\\&=[(m_1+m_2)d_1^2+m_2d_2^2+2m_2d_1d_2\cos\theta_2]\ddot{\theta}_1+(m_2d_2^2+m_2d_1d_2\cos\theta_2)\ddot{\theta}_2-\\&\quad 2m_2d_1d_2\sin\theta_2\dot{\theta}_1\dot{\theta}_2-m_2d_1d_2\sin\theta_2\dot{\theta}_2^2+(m_1+m_2)gd_1\sin\theta_1+m_2gd_2\sin(\theta_1+\theta_2)\end{aligned} \tag{3-24}$$

$$\begin{aligned}T_2&=\frac{\mathrm{d}}{\mathrm{d}t}\frac{\partial L}{\partial \dot{\theta}_2}-\frac{\partial L}{\partial \theta_2}\\&=(m_2d_2^2+m_2d_1d_2\cos\theta_2)\ddot{\theta}_1+m_2d_2^2\ddot{\theta}+m_2d_1d_2\sin\theta_2\dot{\theta}_1^2+m_2gd_2\sin(\theta_1+\theta_2)\end{aligned} \tag{3-25}$$

式(3-24)和式(3-25)的一般形式和矩阵形式如下：

$$T_1=D_{11}\ddot{\theta}_1+D_{12}\ddot{\theta}_2+D_{111}\dot{\theta}_1^2+D_{122}\dot{\theta}_2^2+D_{112}\dot{\theta}_1\dot{\theta}_2+D_{121}\dot{\theta}_2\dot{\theta}_1+D_1 \tag{3-26}$$

$$T_2=D_{21}\ddot{\theta}_1+D_{22}\ddot{\theta}_2+D_{211}\dot{\theta}_1^2+D_{222}\dot{\theta}_2^2+D_{212}\dot{\theta}_1\dot{\theta}_2+D_{221}\dot{\theta}_2\dot{\theta}_1+D_2 \tag{3-27}$$

$$\begin{bmatrix}T_1\\T_2\end{bmatrix}=\begin{bmatrix}D_{11}&D_{12}\\D_{21}&D_{22}\end{bmatrix}\begin{bmatrix}\ddot{\theta}\\\ddot{\theta}_2\end{bmatrix}+\begin{bmatrix}D_{111}&D_{122}\\D_{211}&D_{222}\end{bmatrix}\begin{bmatrix}\dot{\theta}_1^2\\\dot{\theta}_2^2\end{bmatrix}+\begin{bmatrix}D_{112}&D_{121}\\D_{212}&D_{221}\end{bmatrix}\begin{bmatrix}\dot{\theta}_1\dot{\theta}_2\\\dot{\theta}_2\dot{\theta}_1\end{bmatrix}+\begin{bmatrix}D_1\\D_2\end{bmatrix} \tag{3-28}$$

其中，D_{ii} 称为关节 i 的有效惯量，因为关节 i 的加速度 $\ddot{\theta}_i$ 将在关节 i 上产生一个等于 $D_{ii}\ddot{\theta}_i$ 的惯性力；D_{ij} 称为关节 i 和 j 间的耦合惯量，因为关节 i 和 j 的加速度 $\ddot{\theta}_i$ 和 $\ddot{\theta}_j$ 将在关节 j 或 i 上分别产生一个等于 $D_{ij}\ddot{\theta}_i$ 或 $D_{ij}\ddot{\theta}_j$ 的惯性力；$D_{ijk}\dot{\theta}_i^2$ 项是由关节 j 的速度 $\dot{\theta}_j$ 在关节 i 上产生的向心力；$(D_{ijk}\dot{\theta}_j\dot{\theta}_k + D_{ikj}\dot{\theta}_k\dot{\theta}_j)$ 项是由关节 j 和 k 的速度 $\dot{\theta}_i$ 和 $\dot{\theta}_k$ 引起的作用于关节 i 的哥氏力；D_i 表示关节 i 处的重力。

比较式(3-26)、式(3-27)与式(3-28)，可得本系统各系数如下：

有效惯量：

$$D_{11} = (m_1 + m_2)d_1^2 + m_2 d_2^2 + 2m_2 d_1 d_2 \cos\theta_2 \tag{3-29}$$

$$D_{22} = m_2 d_2^2 \tag{3-30}$$

耦合惯量：

$$D_{12} = m_2 d_2^2 + m_2 d_1 d_2 \cos\theta_2 = m_2(d_2^2 + d_1 d_2 \cos\theta_2) \tag{3-31}$$

向心加速度系数：

$$\begin{cases} D_{111} = 0 \\ D_{122} = -m_2 d_1 d_2 \sin\theta_2 \\ D_{211} = m_2 d_1 d_2 \sin\theta_2 \\ D_{222} = 0 \end{cases} \tag{3-32}$$

哥氏加速度系数：

$$\begin{cases} D_{112} = D_{121} = -m_2 d_1 d_2 \sin\theta_2 \\ D_{212} = D_{221} = 0 \end{cases} \tag{3-33}$$

重力项：

$$\begin{cases} D_1 = (m_1 + m_2) g d_1 \sin\theta_1 + m_2 g d_2 \sin(\theta_1 + \theta_2) \\ D_2 = m_2 g d_2 \sin(\theta_1 + \theta_2) \end{cases} \tag{3-34}$$

下面对上例指定一些数字，以估计此二连杆机械手在静止和固定重力负荷下的和值。计算条件如下：

① 关节 2 锁定，维持恒速$(\ddot{\theta}_2)=0$，即 $\dot{\theta}_2$ 为恒值。

② 关节 2 是不受约束的，即 $T_2=0$。

在第一个条件下，式(3-26)和式(3-27)可以简化为：$T_1=D_{11}\ddot{\theta}_1=I_1\ddot{\theta}_1$，$T_2=D_{12}\ddot{\theta}_1$。在第二个条件下，$T_2=D_{12}\ddot{\theta}_1+D_{22}\ddot{\theta}_2=0$，$T_1=D_{11}\ddot{\theta}_1+D_{12}\ddot{\theta}_2=0$。解之得：

$$\ddot{\theta}_2 = -\frac{D_{12}}{D_{22}}\ddot{\theta}_1 \tag{3-35}$$

$$T_1 = \left(D_{11} - \frac{D_{12}^2}{D_{22}}\right)\ddot{\theta}_1 = I_i\ddot{\theta}_1 \tag{3-36}$$

取 $d_1=d_2=1$，$m_1=2$，计算 $m_2=1$、4 和 100(分别表示机械手在地面空载、地面满载和在外空间负载的三种不同情况。对于后者，由于失重而允许有大的负载)三个不同数值下的各系数值。表 3-1 给出这些系数值及其与位置 θ_2 的关系。其中，对于地面空载，$m_1=m_2=1$；对于地面满载，$m_1=2$，$m_2=4$；对于外空间负载，$m_1=2$，$m_2=100$。

表 3-1　　各系数值及其与位置的关系

负载	θ_2	$\cos\theta_2$	D_{11}	D_{12}	D_{22}	I_1	I_f
地面空载	0°	1	6	2	1	6	2
	90°	0	4	1	1	4	3
	180°	−1	2	0	1	2	2
	270°	0	4	1	1	4	3
地面满载	0°	1	18	8	4	18	2
	90°	0	10	4	4	10	6
	180°	−1	2	0	4	2	2
	270°	0	10	4	4	10	6
外空间负载	0°	1	402	200	100	402	2
	90°	0	202	100	100	202	102
	180°	−1	2	0	100	2	2
	270°	0	202	100	100	202	102

表 3-1 中最右两列为关节 1 上的有效惯量。在空载下，当 θ_2 变化时，关节 1 的有效惯量值在 3∶1(关节 2 锁定时)或 3∶2(关节 2 自由时)范围内变动。由表 3-1 还可以看出，在地面满载下，关节 1 的有效惯量随 θ_2 在 9∶1 范围内变化，此有效惯量值比空载时提高到 3 倍。在外空间负载 100 情况下，有效惯量变化范围更大，可达 201∶1。这些惯量的变化将对机械手的控制产生显著影响。

(2) 牛顿-欧拉动态平衡法

为了与拉格朗日法进行比较，看看哪种方法比较简便，用牛顿-欧拉动态平衡法来求上述同一个二连杆系统的动力学方程，其一般形式为：

$$\frac{\partial W}{\partial q_i}=\frac{\mathrm{d}}{\mathrm{d}t}\frac{\partial K}{\partial \dot{q}_i}-\frac{\partial K}{\partial q_i}+\frac{\partial D}{\partial \dot{q}_i}+\frac{\partial P}{\partial q_i},\quad i=1,2,\cdots,n \tag{3-37}$$

式中，W、K、D、P 和 q_i 等的含义与拉格朗日法一样；i 为连杆代号；n 为连杆数目。

质量 m_1 和 m_2 的位置矢量 r_1 和 r_2 的大小(图 3-3)为：

$$\begin{aligned}r_1&=r_0+(d_1\cos\theta_1)i+(d_1\sin\theta_1)j\\&=(d_1\cos\theta_1)i+(d_1\sin\theta_1)j\end{aligned} \tag{3-38}$$

$$\begin{aligned}r_2&=r_1+[d_2\cos(\theta_1+\theta_2)]i+[d_2\sin(\theta_1+\theta_2)]j\\&=[d_1\cos\theta_1+d_2\cos(\theta_1+\theta_2)]i+[d_1\sin\theta_1+d_2\sin(\theta_1+\theta_2)]j\end{aligned} \tag{3-39}$$

速度矢量 v_1 和 v_2(图 3-3)的大小为：

$$\begin{cases}v_1=d_1\dot{\theta}_1\\ v_2=\dfrac{\mathrm{d}r_2}{\mathrm{d}t}=[-\dot{\theta}_1d_1\sin\theta_1-(\dot{\theta}_1+\dot{\theta}_2)d_2\sin(\theta_1+\theta_2)]i\\ \quad=[\dot{\theta}_1d_1\cos\theta_1-(\dot{\theta}_1+\dot{\theta}_2)]d_2\cos(\theta_1+\theta_2)j\end{cases} \tag{3-40}$$

再求速度的平方，计算结果得：

$$\begin{cases}v_1^2=d_1^2\dot{\theta}_1^2\\ v_2^2=d_1^2\dot{\theta}_1^2+d_2^2(\dot{\theta}_1^2+2\dot{\theta}_1\dot{\theta}_2+\dot{\theta}_2^2)+2d_1d_2(\dot{\theta}_1^2+\dot{\theta}_1\dot{\theta}_2)\cos\theta_1\end{cases} \tag{3-41}$$

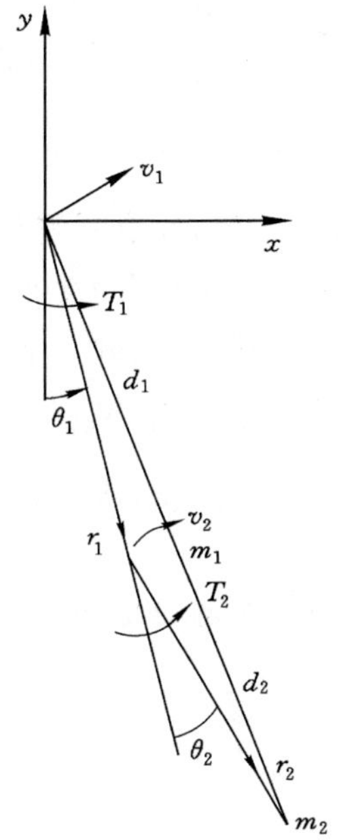

图 3-3　二连连杆机械

于是可得系统动能：

$$\begin{aligned} K &= \frac{1}{2}m_1 v_1^2 + \frac{1}{2}m_2 v_2^2 \\ &= \frac{1}{2}(m_1 + m_2)d_1^2\theta_1^2 + \frac{1}{2}m_2 d_2^2(\dot{\theta}_1^2 + 2\dot{\theta}_1\dot{\theta} + \dot{\theta}_2^2) + m_2 d_1 d_2(\dot{\theta}_1^2 + \dot{\theta}_1\dot{\theta}_2)\cos\theta_2 \end{aligned} \tag{3-42}$$

系统的位能随 r 的增大(位置下降)而减少。我们以坐标原点为参考点进行计算：

$$\begin{aligned} P &= -m_2 g r_1 - m_2 g r_2 \\ &= -(m_1 + m_2)g d_1\cos\theta_1 - m_2 g d_2\cos(\theta_1 + \theta_2) \end{aligned} \tag{3-43}$$

系统能耗：

$$D = \frac{1}{2}c_1\dot{\theta}_1^2 + \frac{1}{2}c_2\dot{\theta}_2^2 \tag{3-44}$$

外力矩所做的功：

$$W = T_1\theta_1 + T_2\theta_2 \tag{3-45}$$

至此，求得关于 K、P、D 和 W 的四个标量方程式，就能够按式(3-37)求出系统的动力学方程式。为此，先求有关导数和偏导数。

当 $q_i = \theta_1$ 时：

$$\frac{\partial K}{\partial\dot{\theta}_1} = (m_1 + m_2)d_1^2\dot{\theta}_1 + m_2 d_2^2(\theta_1 + \theta_2) + m_2 d_1 d_2(2\dot{\theta}_1 + \dot{\theta}_2)\cos\theta_2 \tag{3-46}$$

$$\begin{aligned} \frac{\mathrm{d}}{\mathrm{d}t}\frac{\partial K}{\partial\dot{\theta}_1} = {} & (m_1 + m_2)d_1^2\ddot{\theta} + m_2 d_2^2(\ddot{\theta}_1 + \ddot{\theta}_2) + m_2 d_1 d_2(2\dot{\theta}_1 + \ddot{\theta}_2)\cos\theta_2 - \\ & m_2 d_1 d_2(2\dot{\theta}_1 + \dot{\theta}_2)\dot{\theta}_2\sin\theta_2 \end{aligned} \tag{3-47}$$

$$\frac{\partial K}{\partial \theta_1}=0,\quad \frac{\partial D}{\partial \dot{\theta}_1}=0,\quad \frac{\partial W}{\partial \theta_1}=T_1 \tag{3-48}$$

$$\frac{\partial P}{\partial \theta_1}=(m_1+m_2)gd_1\sin\theta_1+m_2d_2g\sin(\theta_1+\theta_2) \tag{3-49}$$

把所求得的上列各导数代入式(3-37),经合并整理可得:

$$\begin{aligned}T_1=&[(m_1+m_2)d_1^2+m_2d_2^2+2m_2d_1d_2\cos\theta_2]\ddot{\theta}_1+\\&(m_2d_2^2+m_2d_1d_2\cos\theta_2)\ddot{\theta}_2+c_1\dot{\theta}_1-(2m_2d_1d_2\sin\theta_2)\dot{\theta}_1\dot{\theta}_2-\\&(m_2d_1d_2\sin\theta_2)\dot{\theta}_2^2+[(m_1+m_2)gd_1\sin\theta_1+m_2d_2g\sin(\theta_1+\theta_2)]\end{aligned} \tag{3-50}$$

$$\begin{cases}\dfrac{\partial K}{\partial \dot{\theta}_2}=m_2d_2^2(\dot{\theta}_1+\dot{\theta}_2)+m_2d_1d_2\dot{\theta}_1\cos\theta_2\\[2mm] \dfrac{\mathrm{d}}{\mathrm{d}t}\dfrac{\partial K}{\partial \dot{\theta}_2}=m_2d_2^2(\ddot{\theta}_1+\ddot{\theta}_2)+m_2d_1d_2\ddot{\theta}_1\cos\theta_2-m_2d_1d_2\ddot{\theta}_1\ddot{\theta}_2\sin\theta_2\\[2mm] \dfrac{\partial K}{\partial \dot{\theta}_2}=-m_2d_2^2(\dot{\theta}_1^2+\dot{\theta}_1\dot{\theta}_2)\sin\theta_2\\[2mm] \dfrac{\partial D}{\partial \dot{\theta}_2}=c_2\dot{\theta}_2\\[2mm] \dfrac{\partial P}{\partial \dot{\theta}_2}=m_2gd_2\sin(\theta_1+\theta_2)\\[2mm] \dfrac{\partial W}{\partial \theta_2}=T_2\end{cases} \tag{3-51}$$

把上列各式代入式(3-37),并化简得:

$$\begin{aligned}T_2=&(m_2d_2^2+m_2d_1d_2\cos\theta_2)\ddot{\theta}_1+m_2d_2^2\ddot{\theta}_2+m_2d_1d_2\sin\theta_2\dot{\theta}_1^2+c_2\dot{\theta}_2+\\&m_2d_2g\sin(\theta_1+\theta_2)\end{aligned} \tag{3-52}$$

3.2 工业机器人动力学方程

3.2.1 *n* 自由度机器人操作臂动力学方程

下面推导 n 自由度机器人操作臂动力学方程,这里要用到第 2 章中讨论的齐次坐标变换矩阵。

(1) 机器人操作臂的动能

拉格朗日法要求知道实际系统的动能,也就是要求知道每个关节的速度。

令 ${}^ir_i$ 为固定在杆件 i 上的一个点在第 i 杆件坐标系中的齐次坐标,即 ${}^ir_i=(x_i,y_i,z_i,1)^{\mathrm{T}}$,则 ${}^ir_i$ 点在基座坐标系中的齐次坐标为 r_i,有:

$${}^0r_i={}^0A_i\,{}^ir_i \tag{3-53}$$

式中,A_i 是联系第 i 坐标系和基座坐标系间的齐次坐标变换矩阵,且:

$${}^0A_i={}^0A_1\,{}^1A_2\cdots{}^{i-1}A_i \tag{3-54}$$

对于刚体运动,则点 ${}^ir_i$ 相对基座坐标系的速度可表示为:

$${}^0v_i=v_i=\frac{\mathrm{d}}{\mathrm{d}t}({}^0r_i)=\frac{\mathrm{d}}{\mathrm{d}t}({}^0A_i\,{}^0r_i)=\left[\sum_{j=1}^{i}\frac{\partial^0A_i}{\partial q_j}\dot{q}_j\right]{}^ir_i \tag{3-55}$$

为简化符号，定义 U_{ij} 记作$\frac{\partial^0 A_i}{\partial q_j}$，则：

$$U_i = \left[\sum_{j=1}^{i} U_{ij}\dot{q}_j\right]{}^i r_i \tag{3-56}$$

根据 v_i，可以求出杆件 i 的动能。设 k_i 是杆件 i 在基座坐标系表示的动能，$\mathrm{d}k_i$ 是杆件 i 上微元质量 $\mathrm{d}m$ 的动能，则：

$$\begin{aligned}
\mathrm{d}k_i &= \frac{1}{2}(\dot{x}_i^2 + \dot{y}_i^2 + \dot{z}_i^2)\,\mathrm{d}m = \frac{1}{2}T_r(v_i, v_i^T)\,\mathrm{d}m \\
&= \frac{1}{2}T_r\left\{\left(\sum_{p=1}^{i} U_{ip}\dot{q}_p\right){}^i r_i\left[\left(\sum_{r=1}^{i} U_{ir}\dot{q}_r\right){}^i r_i\right]^T\right\}\mathrm{d}m \\
&= \frac{1}{2}T_r\left[\sum_{p=1}^{i}\sum_{r=1}^{i} U_{ip}({}^i r_i \,\mathrm{d}m\, r{}^r{}_i^T) U_{ir}^T \dot{q}_p \dot{q}_r\right]
\end{aligned} \tag{3-57}$$

由于对杆件 i 上的各点来说，U_{ij} 是常数，且与杆件 i 的质量分布无关。$\dot{q}_i$ 也与杆件 i 的质量分布无关。这样，对微元质量的动能求和，并把积分号放到括号里面去，可得到杆件 i 的动能，即：

$$K_i = \int \mathrm{d}k_i = \frac{1}{2}T_r\left[\sum_{p=1}^{i}\sum_{r=1}^{i} U_{ip}\left(\int {}^i r_i\ {}^i r_i^T\,\mathrm{d}m\right) U_{ir}^T \dot{q}_p \dot{q}_r \tag{3-58}$$

式中，圆括号内的积分项是杆件 i 上各点的惯量，即：

$$J_i = \int {}^i r_i\ {}^i r_i^T\,\mathrm{d}m = \begin{bmatrix}
\int x_i^2\,\mathrm{d}m & \int x_i y_i\,\mathrm{d}m & \int x_i z_i\,\mathrm{d}m & \int x_i\,\mathrm{d}m \\
\int x_i y_i\,\mathrm{d}m & \int y_i^2\,\mathrm{d}m & \int y_i z_i\,\mathrm{d}m & \int y_i\,\mathrm{d}m \\
\int x_i z_i\,\mathrm{d}m & \int y_i z_i\,\mathrm{d}m & \int z_i^2\,\mathrm{d}m & \int z_i\,\mathrm{d}m \\
\int x_i\,\mathrm{d}m & \int y_i\,\mathrm{d}m & \int z_i\,\mathrm{d}m & \int \mathrm{d}m
\end{bmatrix} \tag{3-59}$$

定义惯性张量 I_{ij} 为：

$$I_{ij} = \int\left[\delta_{ij}\left(\sum_k x_k^2\right) - x_i x_j\right]\mathrm{d}m \tag{3-60}$$

式中，下脚标 i、j、k 表示第 i 个杆件坐标系的三根主轴，则 J_i 可用惯性张量表示成：

$$J_i = \begin{bmatrix}
\frac{-I_{xx} + I_{yy} + I_{zz}}{2} & -I_{xy} & -I_{xz} & m_i\overline{x_i} \\
-I_{xy} & \frac{I_{xx} - I_{yy} + I_{zz}}{2} & -I_{yz} & m_i\overline{y_i} \\
-I_{xz} & -I_{yz} & \frac{I_{xx} + I_{yy} - I_{zz}}{2} & m_i\overline{z_i} \\
m_i\overline{x_i} & m_i\overline{y_i} & m_i\overline{z_i} & m_i
\end{bmatrix}$$

式中，${}^i\overline{r}_i = (\overline{x}_i, \overline{y}_i, \overline{z}_i, 1)^{\mathrm{T}}$ 是杆件 i 的质心矢量在杆件 i 坐标系中的坐标。

这样，机器人操作臂的总动能为：

$$I = \sum_{i=1}^{n} k_i = \frac{1}{2}\sum_{i=1}^{n} T_r\left[\sum_{p=1}^{i}\sum_{r=1}^{i} U_{ip} I_i U_{ir}^T \dot{q}_p \dot{q}_r\right]$$

$$=\frac{1}{2}\sum_{i=1}^{n}\sum_{p=1}^{i}\sum_{r=1}^{i}[T_r(U_{ip}I_iU_{ir}^T)\dot{q}_p\dot{q}_r] \quad (3\text{-}61)$$

机器人操作臂的动能是一个标量，而且 J_i 取决于杆件 i 的质量分布，与其位置和运动速度无关，同时 J_i 是在 i 坐标系中表示的。

(2) 机器人操作臂的势能

机器人的每个杆件的势能是：

$$P_i=-m_ig\,{}^0\bar{r}_i=-m_ig({}^0A_i\,{}^i\bar{r}_i),\quad i=1,2,\cdots,n \quad (3\text{-}62)$$

对各杆件的势能求和，就得到机器人操作臂的总势能：

$$p=\sum_{i=1}^{n}p_i=\sum_{i=1}^{n}[-m_ig({}^0A_i\,{}^i\bar{r}_i)] \quad (3\text{-}63)$$

式中，$g=(g_x,g_y,g_z,0)$是在基座坐标系表示的重力行矢量，对于水平基座，$g=(0,0,-|g|,0)$，其中 g 为重力加速度。

(3) 机器人操作臂的动力学方程

由前面得到的机器人操作臂的动能和势能表达式，可得到机器人操作臂的拉格朗日函数为：

$$L=k-p=\frac{1}{2}\sum_{i=1}^{n}\sum_{j=1}^{i}\sum_{k=1}^{j}[T_r(U_{ij}J_iU_{ik}^T)q_jq_k]+\sum_{i=1}^{n}m_ig({}^0A_i\,{}^i\bar{r}_i) \quad (3\text{-}64)$$

利用拉格朗日函数，可以得到关节 i 驱动器驱动操作臂的第 i 个杆件所需要的广义力矩：

$$\begin{aligned}\tau_i&=\frac{\mathrm{d}}{\mathrm{d}t}\left(\frac{\partial L}{\partial\dot{q}_i}\right)-\frac{\partial L}{\partial q_i}\\&=\sum_{j=1}^{n}\sum_{k=1}^{j}[T_r(U_{jk}J_jU_{ji}^T)\ddot{q}_k]+\sum_{k=1}^{n}\sum_{k=1}^{j}\sum_{m=1}^{j}[T_r(U_{jkm}J_jU_{ji}^T)\dot{q}_k\dot{q}_\mathrm{m}]-\sum_{j=1}^{n}m_jgU_{ji}\,{}^{j-}r_j\end{aligned} \quad (3\text{-}65)$$

式中，$i=1,2,\cdots,n$；U_{jkm}记作$\dfrac{\partial U_{jk}}{\partial q_m}$。

上述方程可以写成：

$$\tau_i=\sum_{j=1}^{n}D_{ij}\ddot{q}_j+I_i\ddot{q}_i+\sum_{j=1}^{n}\sum_{k=1}^{n}C_{ijk}\dot{q}_j\dot{q}_k+D_i,\quad i=1,2,\cdots,n \quad (3\text{-}66)$$

或更简单的矩阵形式：

$$\tau=D(q)\dot{q}+h(q,\dot{q})+G(q)+F(q,\dot{q}) \quad (3\text{-}67)$$

式中，q、$\dot{q}$、$\ddot{q}$ 分别为关节位置、速度和加速度；τ_i 为关节驱动力矩；D_{ij} 为惯性矩阵；C_{ijk} 为离心力和哥氏力；D_i 为重力项；I_{ai}为传动装置的等效转动惯量。

D_{ij}、C_{ijk}和 D_i 的计算一般很复杂，但在下面一些情况下，某些系数可能等于零：

① 操作臂的特殊运动学设计可消除关节运动之间的某些动力耦合(系数 D_{ij}和 C_{ijk})。

② 某些与速度有关的动力系数只是名义上存在于 C_{ijk} 式中，实际上它们是不存在的。例如，离心力将不会与产生它的关节的运动相互作用，即总有 $C_{iii}=0$，但它却与其他关节的运动相互作用，即可能有 $C_{jii}\neq0$。

③ 由于运动中杆件形态的特殊变化，有些动力系数在某些特定时刻可能变为零。

3.2.2　机器人操作臂动力学方程系数的简化

拉格朗日动力学方程给出了机器人动力学的显式状态方程，可用来分析和设计高级的关节变量空间的控制策略。它既可用于解决动力学正向问题，即给定力和力矩，用动力学方程求解关节的加速度，再积分求得速度及广义坐标；也可用于解决动力学逆向问题，即给定广义坐标和它们的前两阶时间导数，求广义力和力矩。在两种情况下，可能都需要计算 D_{ij}、C_{ijk} 和 D_i。因计算这些系数需要大量的算术运算，所以上述方程需要简化处理，否则很难用于实时控制。

D_{ij}、C_{ijk} 和 D_i 的计算公式如下：

$$D_{ij}=\sum_{p=\max i,j}^{n}\mathrm{Trace}\left(\frac{\partial T_p}{\partial q_j}I_p\frac{\partial T_p^T}{\partial q_i}\right)\tag{3-68}$$

$$C_{ijk}=\sum_{p=\max i,j,k}^{n}\mathrm{Trace}\left(\frac{\partial^2 T_p}{\partial q_j\partial q_k}I_p\frac{\partial T_p^T}{\partial q_i}\right)\tag{3-69}$$

$$D_i=\sum_{p=i}^{n}\left(-m_p g^T\frac{\partial T_p}{\partial q_i}{}^p r_p\right)\tag{3-70}$$

对惯量进行简化可得：

$$D_{ij}=\sum_{p=\max i,j}^{n}m_p\{[{}^p\delta_{ix}k_{pxx}^2\ {}^p\delta_{jx}+{}^p\delta_{iy}k_{pyy}^2\ {}^p\delta_{jy}+ip\delta_{iz}k_{pzz}^2\ {}^p\delta_{jz}]+$$
$${}^pd_i\ {}^pd_j+[{}^Pr_p({}^pd_i\times{}^p\delta_j+{}^pd_j\times{}^p\delta_j)]\}\tag{3-71}$$

对于旋转关节，式(3-71)中的微分平移矢量和微分旋转矢量可由下面的公式计算得出：

$$\begin{cases}{}^pd_{ix}=-{}^{i-1}n_{px}\ {}^{i-1}n_{py}+{}^{i-1}n_{py}\ {}^{i-1}n_{px}\\{}^pd_{iy}=-{}^{i-1}o_{px}\ {}^{i-1}n_{py}+{}^{i-1}o_{py}\ {}^{i-1}n_{px}\\{}^pd_{iz}=-{}^{i-1}a_{px}\ {}^{i-1}n_{py}+{}^{i-1}a_{py}\ {}^{i-1}n_{px}\end{cases}\tag{3-72}$$

对于平移关节，式(3-71)中的微分平移矢量和微分旋转矢量可由下面的公式计算得出：

$$\begin{cases}{}^p\delta_i={}^{i-1}n_{pz}i+{}^{i-1}o_{pz}j+{}^{i-1}a_{pz}k\\{}^p\delta_i=0i+0j+0k\end{cases}\tag{3-73}$$

式(3-71)中，第一项表示连杆 p 上质量分布的影响；第二项表示有效力矩臂在连杆 p 偏离大小的影响；最后一项是由于连杆 p 的质心不在连杆 p 坐标系原点而产生的。如果各连杆的质心偏离得很远时，上述第二项将起主要作用，从而可以忽略第一项和第三项的影响，即：

$$D_{ij}=\sum_{p=\max i,j}^{n}m_p({}^pd_i\ {}^pd_j)\tag{3-74}$$

当 $i=j$ 时，如果为旋转关节，D_{ii} 为：

$$D_{ii}=\sum_{p=i}^{n}m_p\{[n_{px}^2k_{pxx}^2+o_{py}^2k_{pyy}^2+a_{pz}^2+k_{pzz}^2]+p_pp_p+2^pr_p[(p_pn_p)i+$$
$$(p_po_p)j+(p_pa_p)k]\}\tag{3-75}$$

如果为移动关节，D_{ii} 可进一步简化为：

$$D_{ii}=\sum_{p=i}^{n}m_p\tag{3-76}$$

重力项 D_i 可简化为：

$$D_i = {}^{i-1}g \sum_{p=i}^{6} m_p^{i-1} r_p \tag{3-77}$$

对于转动关节为：

$${}^{i-1}g = [-go, gn, 0, 0] \tag{3-78}$$

对于移动关节为：

$${}^{i-1}g = [0, 0, 0, -ga] \tag{3-79}$$

3.2.3　考虑非刚体效应的动力学模型

值得注意的是，在前面推导的动力学方程未能包含全部作用于操作臂上的力。它们只包含了刚体力学中的那些力，而没有包含摩擦力。然而，摩擦力也是一种非常重要的力，所有机构都必然受到摩擦力的影响。在目前机器人的传动机构中，如被普遍采用的齿轮传动机构中，摩擦力产生的力是相当大的，即在典型工况下大约为操作臂驱动力矩的 25%。

为了使动力学方程能够反映实际的工况，建立机器人的摩擦力模型是非常必要的。其中，最简单的摩擦力模型就是黏性摩擦，摩擦力矩与关节运动速度成正比，因此有：

$$\tau_{\mathrm{fv}} = \nu \dot{q} \tag{3-80}$$

式中，ν 是黏性摩擦因数。

另一个摩擦力模型是库仑摩擦，它是一个常数，符号取决于关节速度，即：

$$\tau_{\mathrm{fc}} = c\,\mathrm{sgn}(\dot{q}) \tag{3-81}$$

式中，c 是库仑摩擦因数。当 $\dot{q}=0$ 时，c 值一般取 1，通常称为静摩擦因数；当 $\dot{q}\neq 0$ 时，c 值小于 1，称为动摩擦因数。

对某个操作臂来说，采用黏性摩擦模型还是库仑摩擦模型是一个比较复杂的问题，这与润滑情况及其他影响因素有关。比较合理的模型是二者兼顾，即：

$$\tau_{\mathrm{f}} = \tau_{\mathrm{fv}} + \tau_{\mathrm{fc}} = \nu \dot{q} + c\,\mathrm{sgn}(\dot{q}) \tag{3-82}$$

在许多操作臂关节中，摩擦力也与关节位置有关。主要原因是齿轮失圆，齿轮的偏心将会导致摩擦力随关节位置而变化，因此一个比较复杂的摩擦力模型为：

$$\tau_{\mathrm{f}} = f(q, \dot{q}) \tag{3-83}$$

这样，考虑摩擦力的刚体动力学模型为：

$$\tau = D(q)\ddot{q} + h(q, \dot{q}) + G(q) + F(q, \dot{q}) \tag{3-84}$$

上述建立的是考虑非刚体效应的刚体动力学模型。对于柔性臂，容易产生共振和其他动态现象。这些影响因素的建模十分复杂，已经超出了本书的范围，可参考相关文献。

3.3　动力学仿真

为了对操作臂的运动进行仿真，必须采用前面建立的动力学模型，由封闭形式的动力学方程(3-84)，可通过仿真求出动力学方程中的加速度：

$$\dot{q} = D^{-1}(q)[\tau - h(q, \dot{q}) - G(q) - F(q, \dot{q})] \tag{3-85}$$

然后利用数值积分方法对加速度积分，即可计算出位置和速度。

若已知操作臂运动的初始条件为下面的形式：

$$q(0) = q_0 \tag{3-86}$$

$$\dot{q}(0) = q_0 \tag{3-87}$$

采用欧拉积分方法，从 $t=0$ 开始，取步长为 Δt，进行迭代计算，结果为：

$$\dot{q}(t+\Delta t)=\dot{q}(t)+\dot{q}(t)\Delta t \tag{3-88}$$

$$q(t+\Delta t)=q(t)+\dot{q}(t)\Delta t+\frac{1}{2}\dot{q}(t)\Delta t^2 \tag{3-89}$$

式(3-88)和式(3-89)中，每次迭代要用式(3-85)计算一次 $\ddot{q}$。这样，通过输入已知的力矩函数，用数值积分方法即可求出操作臂的位置、速度和加速度。

数值积分步长 Δt 的选择，一方面要小到将连续时间离散为很小的时间增量，使得满足近似性的要求，另一方面不应当过小，否则仿真计算花费的时间过长。欧拉积分法是最简单的一种数值积分方法，其他更复杂、更精确的积分方法也可用于动力学仿真。

第4章 工业机器人结构及技术参数

4.1 工业机器人的技术参数

工业机器人的技术参数或技术特性是以工业机器人的用途、应用范围和生产条件为基础的。工业机器人的结构及工艺性取决于承载能力、自由度、工作空间、定位误差和控制系统形式等基本参数。

4.1.1 工业机器人的主要技术参数

由于工业机器人的种类、用途以及用户要求不尽相同,所以机器人的技术参数不同。但工业机器人的主要技术参数通常包括自由度、精度、作业范围、最大工作速度和承载能力等。

(1) 自由度

自由度是指机器人所具有的独立坐标轴运动的数目。机器人的一个自由度对应一个关节,所以自由度与关节的概念是相等的。自由度是表示机器人动作灵活程度的参数,自由度越多就越灵活,但结构也越复杂,控制难度也越大,所以机器人的自由度要根据其用途恰当设计。

(2) 定位精度和重复定位精度

定位精度和重复定位精度是机器人的两个精度指标。定位精度是指机器人末端执行器的实际位置与目标位置之间的偏差,它由机械误差、控制算法与系统分辨率等部分组成。重复定位精度是指在同一环境、同一条件、同一目标动作、同一命令之下,机器人连续重复运动若干次时,其位置的分散情况,是关于精度的统计数据。因重复定位精度不受工作载荷变化的影响,故通常用重复定位精度这一指标作为衡量示教再现工业机器人水平的重要指标。

(3) 作业范围

作业范围是机器人运动时手臂末端或手腕中心所能到达的所有点的集合,也称为工作区域。由于末端执行器的形状和尺寸是多种多样的,为真实反映机器人的特征参数,故作业范围通常是指不安装末端执行器时的工作区域。作业范围的大小不仅与机器人各连杆的尺寸有关,而且与机器人的总体结构形式有关。

作业范围的形状和大小十分重要,机器人在执行某作业时或许会因有手部不能到达的盲区而不能完成任务。

(4) 最大工作速度

关于"最大工作速度"的定义,需要在技术参数中加以说明。如有的指工业机器人主要自由度上最大的稳定速度,有的则指手臂末端最大的合成速度。最大工作速度越高,其工作效率就越高。但是,工作速度越高,就要花费更多的时间加速或减速,或者对工业机器人的最大加速率或最大减速率的要求就更高。

(5) 承载能力

承载能力是指机器人在作业范围内的任何位姿上所能承受的最大质量。承载能力不仅取决于负载的质量，而且与机器人运行的速度、加速度的大小和方向有关。计算承载能力时，不仅指负载质量，也包括机器人末端执行器的质量，并且承载能力这一技术指标是指高速运行时的承载能力。工业机器人的承载能力是根据工艺装备的基本组成和各种不同重量的加工零件分布情况的分析结果而制定的。如当操作机采用多手臂和多夹持器时，其技术特性在指出总承载能力的同时，还要指出一只手臂(一个夹持器)的承载能力。

4.1.2　工业机器人基本特征参数

工业机器人型号通常采用“字母＋数字代号”的形式来表示。其特征参数涉及机器人的应用、工作半径、负载能力、安装方式、精度需求、节拍需求及温度、湿度、噪声等。

(1) 行业应用

工业机器人在某些行业，如码垛、弧焊、点焊、喷涂、拾料等应用中均有其基本特征参数。

(2) 机器人工作半径

工作半径作为工业机器人的基本特征参数时，表示工业机器人的工作范围，图 4-1 中表示出了机器人的最大、最小工作半径及工作角度范围。

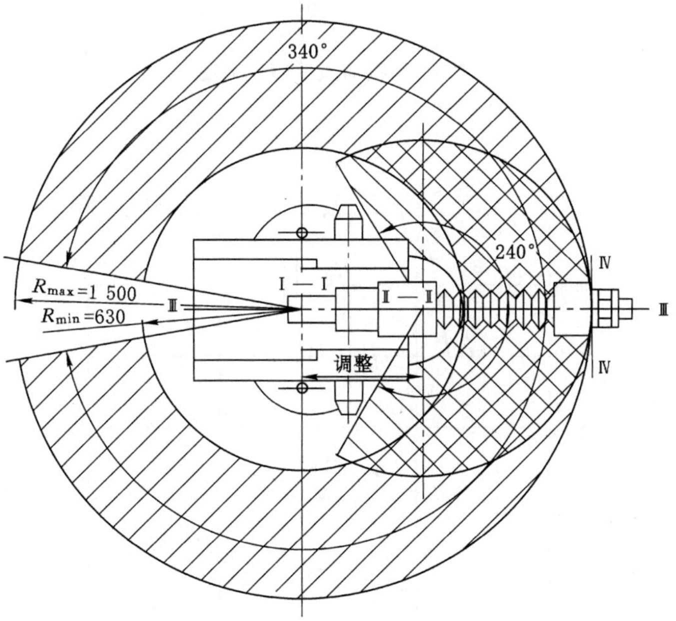

图 4-1　工业机器人工作范围

(3) 负载能力

负载能力作为工业机器人的基本特征参数时，主要指末端负载、手臂负载。图 4-2 和图 4-3 为某工业机器人的载荷图，两图分别表示出了机器人手臂、垂直腕在一定的工作位置时所能承受的载荷数值。

(4) 安装方式

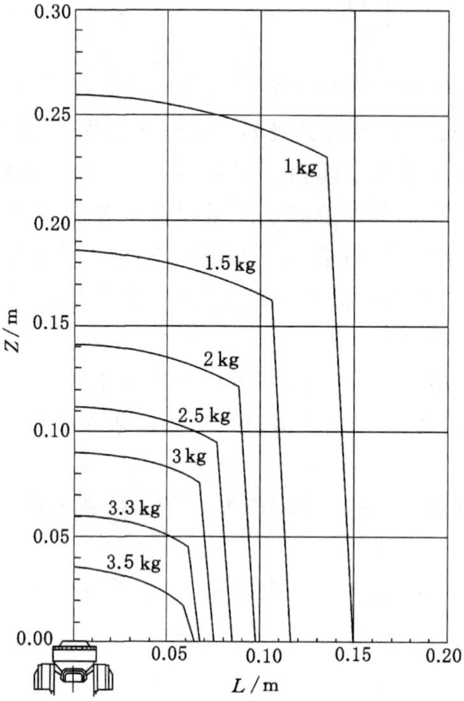

图 4-2　机器人手臂载荷图

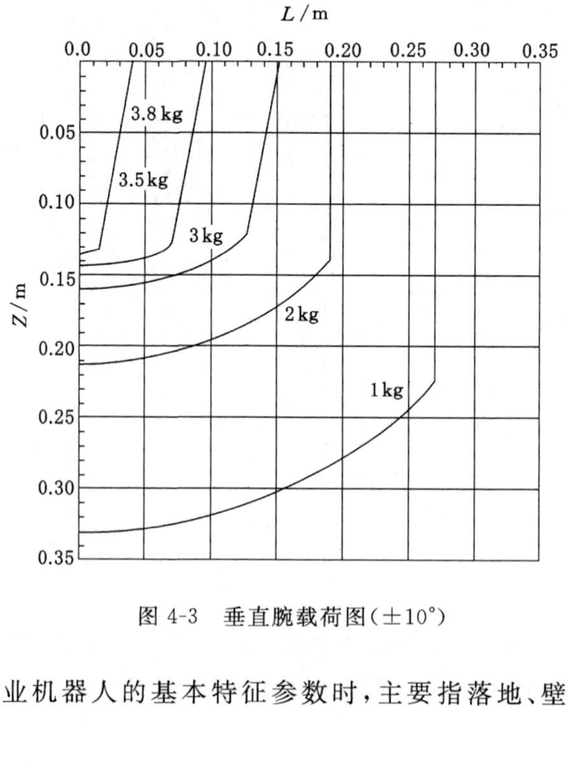

图 4-3　垂直腕载荷图(±10°)

安装方式作为工业机器人的基本特征参数时，主要指落地、壁挂、倒置、倾斜等安装方式。

(5) 精度需求

精度作为工业机器人的基本特征参数时，主要指定位、重复、路径等精度。如为说明工业机器人的精度，图 4-4 中给出了某一具体型号机器人的精度表示，表 4-1 给出了相应的数值。

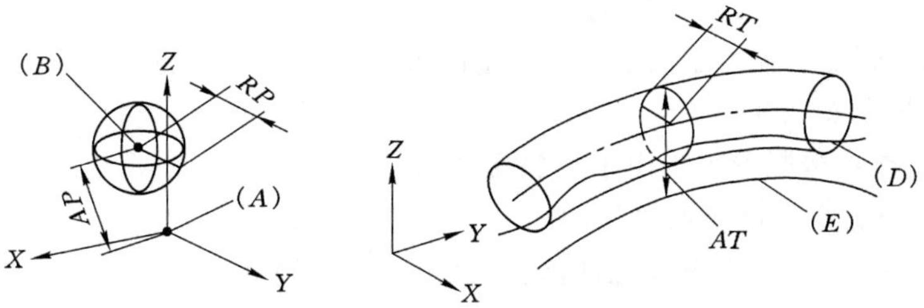

图 4-4　机器人精度表示

表 4-1　　工业机器人精度特征　　单位：mm

精度特征描述	数值
位姿可重复性，*RP*	0.01
位姿精确度，*AP*	0.02
线性路径可重复性，*RT*	0.07～0.16
线性路径可重复性，*AT*	0.21～0.38

（6）节拍需求

节拍作为工业机器人的基本特征参数时，主要用于机器人运动或时间控制。

（7）防护等级

防护等级作为工业机器人的基本特征参数时，主要指防尘等级、防水等级。通过标定防护等级，可确保机器人与作业环节匹配。当用户投资购置机器人时，一套清晰的界定标准可以帮助用户确保生产安全，提高生产效率及更准确地评估设备预期寿命。当机器人经常工作在严苛环境下时，将对其防侵蚀能力提出很高的要求。

（8）温度、湿度、噪声

工业机器人的基本特征参数还包括温度、湿度、噪声等。

除了工业机器人的基本特征参数外，目前，机器人作为先进制造设备时，其主要特征还应包括：① 仿生特征，模仿人的肢体动作；② 自动特征，自动完成作业任务；③ 柔性特征，对作业具有广泛适应性；④ 智能特征，具有对外界的感知能力。

4.2　工业机器人构成

工业机器人主要由以下几部分构成。

4.2.1　机械结构

机器人是生产线的核心组成部分，属于执行机构。机器人包括本体、机械手等。机器人的关联设备有控制系统，包括主控电柜、操作电柜、接线盒、气源及分配器、液压站等，也包括安全围栏、安全门、安全光栅、安全门锁、踏脚板等辅助设备。机器人对运行速度、定位精度、回转自由度等工作状况参数均有要求，是集检测、定位、夹紧、回转、松开、移动于一体的智能化设备。

当对机器人的位置进行布置时，首先应考虑机器人系统的组成、工作状况及与其他设备的关联情况。如线路布置时注意将电缆线、控制线、气管、油管等分开布置，对于桥架结构或线槽应布置整齐、固定可靠、线路最短，且防潮、防油、防干涉及防磕碰。对于粉尘作业的机器人，还要加装防尘设施等。

机器人的机械结构配置可以由下列特征来决定：

① 机动性：分固定和可动两种情况。

② 支承系统的形式和结构：包括门架式、落地式、轨道式。

③ 手臂数目：包括单手臂、双手臂、多手臂，且与手腕运动自由度有关。

④ 夹持器：主要指标为夹持器数目。

由此，机器人机械结构的合理配置和结构形式应根据工业机器人的用途和它与具体工艺装备配合的特点来选择或设计。

4.2.2 性能配置

(1) 运动性能配置

运动性能配置主要有运动优化、手腕运动和绝对精度。

① 运动优化：在精密的小图形处理过程中，能够补偿各个关节轴的摩擦力，从而提高机器人轨迹精度。该性能在小圆切割、涂胶等应用中能显著提高轨迹精度。

② 手腕运动：通过提供机器人运动的插补算法，可限制关节轴的运动，如只允许某两个关节轴运动，从而减小在运动过程中的摩擦力影响，提高轨迹精度；只针对小图形轨迹应用，限制最大支持半径；可提高机器人的运动速度；可以提供轴组合模式。该性能在小圆切割、涂胶等应用中能显著提高轨迹精度。

③ 绝对精度：可以提供一种机器人校准概念，保证 TCP 在机器人整个工作范围内达到一定要求的位置精度；随机提供校准参数以及校准证明。应用该性能时，机器人的目标位置无须重新定位，并且在离线编程后，可以减少在真实机器人中的修补工作量。

(2) 运动协同

运动协同配置主要包括多机械单元协调运动和输送链跟踪。

① 多机械单元协调运动功能：可以支持多项运动任务、支持多种协同模式。

应用：多机器人独立运动；多机器人对同一个运动工件进行处理；一个机器人握持工具，一个机器人握持工件，协同处理。

② 输送链跟踪功能：通过输送链跟踪板卡可以同时跟踪多个工件，同时支持圆弧跟踪。

应用：喷涂跟踪、拾料跟踪、线性跟踪、圆弧跟踪、步进跟踪。

(3) 运动功能

运动功能配置主要有区域监控功能、关节轴独立功能和路径恢复功能。

① 区域监控功能：可设置不同类型的空间区域或关节区域，当机器人 TCP 关节轴进入或者离开区域时，可选择置位信号或者停止运动。对于临时性区域，可通过程序激活或失效；对于固定性区域，机器人启动后自动激活，不能失效。

应用：多机器人在干涉区域内防止碰撞；机床上下料中防止机器人与机床发生碰撞；机器人到达特定位置时自动发信号与周边设备进行通信。

② 关节轴独立功能：即机器人在运动过程中，可以使某个关节轴或外轴处于独立运行模式，并具有重新标定关节轴原位的功能。

应用：连续旋转多轴进行抛光打磨；机器人运动过程中，外轴单独执行其他任务，节约时间；关节轴旋转数周后，重新标定原点，节约了反转复位的时间。

③ 路径恢复功能：即机器人在运动过程中，可以记录当前运动轨迹，当发生错误或者中断时，可原路返回，之后可恢复至停止位置继续当前轨迹运行。

应用：如焊接、涂胶过程中，发生故障并排除后能够继续执行原先轨迹；在复杂运动空间内发生故障后，机器人仍然能够按照进入的轨迹原路返回，防止发生碰撞。

(4) 运动监控

运动监控配置主要指碰撞监控功能，即在机器人手动移动或者自动运行过程中，当机器人检测到外力达到设定的限值时，机器人会报警停机，并反向移动一定距离，用以释放当前压力。可自由设置限值，并且可通过指令进行动态设置。

应用：如在易碎物料搬运过程中，可以减小碰撞监控限值，避免损坏物料。

4.2.3　通信配置

进行通信工具、工程工具、应用工具配置时，应首先考虑用户的特殊需求，再进行适应性配置，下面是几种常用的配置方法：

(1) 通信工具配置

通信工具配置主要有以下几个方面：

① PC 端通信接口：即通过网络连接实现机器人与 PC 端的通信，并可以进行二次开发。

应用：PC 端二次开发、视觉系统通信。

② 示教器端通信接口：可进行二次开发。

应用：示教器二次开发用户界面。

(2) 工程工具配置

工程工具配置主要指多任务处理功能。

应用：机器人在执行运动任务期间，后台任务与其他设备实时进行数据通信。

(3) 应用工具配置

应用工具配置主要有以下几个方面：

① 拾料软件：如 PC 端运行，并实时与机器人进行通信。支持多机器人、多视觉系统。

应用：视觉分拣、拾料应用。

② 力控功能：力控功能需要配合力控传感器装置，力控传感器可安装在机器人法兰盘处或者固定安装。

应用：不规则工件的打磨抛光与装配。

③ 切割功能包：如一般切割、单任务激光切割、标准激光切割。提供示教器端切割界面；提供集成式的标准图形指令；提供标准的激光切割界面以及接口；提供用户自定义非标 2D、3D 图形功能。

应用：水切割、激光切割、等离子切割等。

④ 码垛功能包：即码垛图形化编程配置，如托盘搬运功能、PLC、标准夹具等。

应用：多品种、小批量码垛。

4.2.4 典型机械执行机构

对于工业机器人来说,操作机结构的重要元件是执行机构的导轨与支承。其中,导轨有滚珠导轨、滚柱导轨、滚动丝杠-螺母传动及导轨等;作为运动支承的有专用结构深沟轴承、角接触球轴承、推力球轴承及滚子轴承等。它们是机器人的通用部件,这些部件构成了工业机器人结构的基础。

(1) 滚珠导轨及滚柱导轨

导轨指可以承受、固定、引导移动装置或设备并减少其摩擦的一种装置,其在结构上表现为由金属或其他材料制成的槽或脊。

滚珠导轨及滚柱导轨的区别是:滚珠导轨滑块内的滚动体是钢球,滑块和轨道的轨道面是半圆弧;而滚柱导轨的滚动体是滚柱,滑块和轨道的轨道面是平面。

滚珠导轨运动灵敏度好,定位精度高;但其承载能力和刚度较小,一般都需要通过预紧提高承载能力和刚度。滚柱导轨结构紧凑,滚柱支承的轴向导向分为不同的精度等级,并且具有极高的承载能力和较高的刚度。

用于工业机器人的滚珠导轨及滚柱导轨形式主要有如下几种:

① 带循环滚子的滚柱导轨

这种滚动支承可用于操作机执行机构的直线位移导轨上,它具有较高的接触刚度、耐久性、低摩擦因数和较高的位移精度。

② 带滚珠的活动托架-轨道式滚动导轨

导轨的结构特点是滚珠与具有特殊纵向槽的固定轨道间是线接触,同时能产生预紧力,增加了作用在导轨上的许用载荷,提高了耐久性。棱柱形导轨能承受垂直的、水平横向的、弯曲的及扭转形式的载荷。

③ 带滚珠轴套式线性滚动导轨

导轨滑杆为圆柱形截面并带有纵向槽,滚珠可在槽中滚动。安装滚珠时相对于轴套加有预紧力。在导轨滑杆运动时,为使滚珠返回,需要在轴套体上开槽。

(2) 滚珠丝杠-螺母传动及导轨

滚珠丝杠-螺母传动除具有螺旋传动的一般特征(如降速传动比大及牵引力大)外,还具有传动效率高、定位精度高、传动可逆性、使用寿命长及同步性能好等特性。滚珠丝杠用电动机传动时,可直连,也可通过其他变速机构(如齿轮、同步带等)连接。

导轨有滚珠丝杠导轨、直线电动机导轨等。滚珠丝杠导轨主要是机械结构,生产工艺较复杂,需要电动机带动,传动链较长,不易控制;而直线电动机导轨主要是电气结构,机械结构较简单,控制灵活,传动链较短,运动精度高。

用于工业机器人的滚珠丝杠-螺母传动及导轨有如下几种形式:

① 多种结构形式的滚珠轴套式直线滚动导轨。

② 多种螺母壳体形式的滚动丝杠-螺母传动。

③ 大螺距形式的滚珠丝杠-螺母传动。

在正确装配的前提下,滚珠丝杠只承受轴向载荷,轴向载荷通过螺母座内的轴承传递到轴承座上,再传递到机器基座上。至于导轨的受力分析,可以根据导轨的布局按力矩原理进行。

4.3　工业机器人驱动结构

工业机器人的驱动结构由多种机构构成，包括液压驱动、气压驱动及电驱动等。

(1) 液压驱动

液压驱动系统通常由液压传动系统和液压控制系统所组成，两者的结构和工作原理并无本质差别，但在设计内容上，前者侧重静态性能设计，而后者除了静态性能外，还包括动态性能设计。通常液压传动系统的设计内容与方法，只要略作调整即可直接用于液压控制系统的设计。

液压传动系统的设计与主机的设计是紧密联系的，两者往往同时进行。所设计的液压系统首先应满足主机的拖动、循环要求，其次还应符合结构组成简单、体积小、重量轻、工作安全可靠、使用维护方便、经济性好等公认的设计原则。实际设计工作中，往往将追求效能和追求安全两者结合起来，融合流程来设计液压传动系统。但在实际工作中，此流程并非一成不变，而应根据各类主机设备对系统要求的不同灵活掌握。

液压系统设计的步骤大致如下：① 明确设计要求，进行工况分析；② 设计液压系统方案；③ 计算液压系统主要参数；④ 绘制液压系统工作原理图；⑤ 计算和选择液压元件；⑥ 验算液压系统性能；⑦ 设计液压装置结构；⑧ 绘制工作图，编制技术文件，并提出电气系统设计任务书。

(2) 气压驱动

气压驱动系统的组成大致与液压驱动系统相似，可分为以下几个部分：① 动力源，即空气压缩机或空气压缩站，供给气压系统所需要的压缩空气；② 执行机构，即各种气缸；③ 控制调节装置，即各种(流量、压力、方向)控制阀；④ 辅助元件，即储气罐、气动三大件(分水滤气器、减压阀、油雾器)、压力表和管路等。气压驱动机械手的有关计算(传动力、速度等)，基本与液压驱动的有关计算相同。

气压驱动系统的有关参数选择包括调速方法的选择、控制元件的选择和辅助装置的选择等。

气缸的调速方法主要有以下几种选择：

① 用电磁换向阀的排气口节流调速。

② 用快速排气阀的排气口节流调速。因其排气阀的阀口比较大，换向快，所以如果把它装置在最接近气缸处，则可加快启动速度。

③ 在进气路或排气路上装置单向节流阀调速。应当注意，采用节流调速时，应尽可能用排气节流，而不用进气节流。因为排气节流可使气缸产生背压，提高工作的平稳性。

④ 采用气液联合传动实现调速。因为液压缸一端可以加入单向阀或采用端部阻尼结构，可借以调速。

气动三大件已有系列产品生产和供应，选用时应使三大件的公称流量大于电磁阀的公称使用流量，以补偿压力损失。

储气罐的容积选择可根据机械手一个运动循环的压缩空气消耗量的三倍以上的容量进行选取和设计，以此保证当切断气源时机械手至少还能维持一个动作循环，以恢复其初始位置状态。

因为管路内径既和压缩空气的流量有关，又和压缩空气流动时的阻力损失有关，因此，选择总导气管可与空气压缩机排气管孔径相同，而各控制阀和气缸间的导气管可与阀的孔径相同。

有关机械手配件可以参考相关手册。

(3) 电驱动

电驱动是最常应用的驱动方式之一。

工业机器人结构与驱动包括计算与设计两方面的内容。工业机器人的电驱动需要计算的内容包括：① 电动机功率；② 电动机扭矩；③ 电动机转速；④ 减速器减速比；⑤ 电动机惯量与负载惯量的匹配关系。

工业机器人驱动系统主要指机械系统的驱动装置，它用以使执行机构产生相应的动作。工业机器人驱动系统也常指伺服驱动系统。

4.3.1 典型的液压与气动驱动装置

工业机器人中，液压驱动装置具有良好的静态和动态特性及较高的工作效率，因此具有液压、电液调节及随动调节驱动装置的工业机器人得到了广泛的应用。对于这些装置，可通过优化结构而使得现代工业机器人的工作压力不断提高，并能在自身尺寸小和重量轻的情况下输出更大的扭矩。但液压驱动存在着某些缺点，如价格贵、需要独立的液压源(泵站)和管道、笨重、漏油、需要油源冷却装置、调整工作成本高等。

在不需要大扭矩、大推力的情况下，工业机器人可以采用气压驱动装置。该类装置具有控制简单、成本低、可靠、没有污染、有防爆和防火性能等优点。但气压驱动装置同样存在着某些缺点，如静刚度低、难以保持预定的速度、难以实现精确定位、需要配备专用储气罐及防锈蚀的润滑装置等。

目前得到广泛应用的是具有成套电液驱动的装置，其无论对回转运动还是对直线运动，在恒定转矩下，该装置均具有调速范围宽的特点。

成套电液驱动装置包括液压马达、带电磁控制的液压扭矩放大器、测速发电机等。某些成套电液驱动装置依靠与马达轴相连的旋转变压器式位移传感器及减速器来保证随动工作状态；旋转变压器和电动机轴借助于减速器相连。

① 直线步进电液马达可以用于开环控制(无位置反馈传感器)，但在高速移动的情况下，某些直线步进电液马达要与液压缸活塞杆的位置传感器配套。某些直流伺服电动机可以代替步进电动机作为控制装置。

② 电液伺服驱动装置是用来实现操作机杆件直线运动的。当采用橡胶与聚四氟乙烯垫片相结合密封方式时，液压缸的摩擦很小。用节流阀来调节活塞杆在行程终点位置的制动状态；采用旋转变压器作为位置反馈。

回转式液压随动驱动装置：由于液压马达的输出轴与执行机构(如操作机手臂或手腕)无减速器连接，而使工业机器人机构可能得到最大限度的简化，因而可以使用各种形式的液压马达作为回转式液压随动驱动装置的执行液压马达。

③ 通用液压站：在工业机器人和其他工作机的液压系统中，它是用于净化、冷却和工作液体(油)的传递。某些液压站的外形尺寸小，可以装入操作机的基座腔中。当液压站采用成套组装时，液压站可以与外部冷却装置相结合。可以采用压缩空气或矿物油作为工作介质。

(1) 带液压缸的手臂伸缩驱动装置

带液压缸的驱动装置如图 4-5 所示，该机构主要用于工业机器人操作机的手臂伸缩。GT-Y1 型液压缸驱动装置的特点是活塞在行程的终点能自动双向制动。当向工作腔供给压力时，活塞向左移动；在行程的终点时，固接在活塞杆的左轴套进入左端盖的孔中，端盖里装有节流阀。此时装在左端管接头中的单向阀遮住溢流孔，液压油通过节流阀流出，因而活塞杆的运动速度减慢。当向活塞杆腔供给压力时，装在左端管接头中的单向阀打开，活塞以较大的速度向右移动。

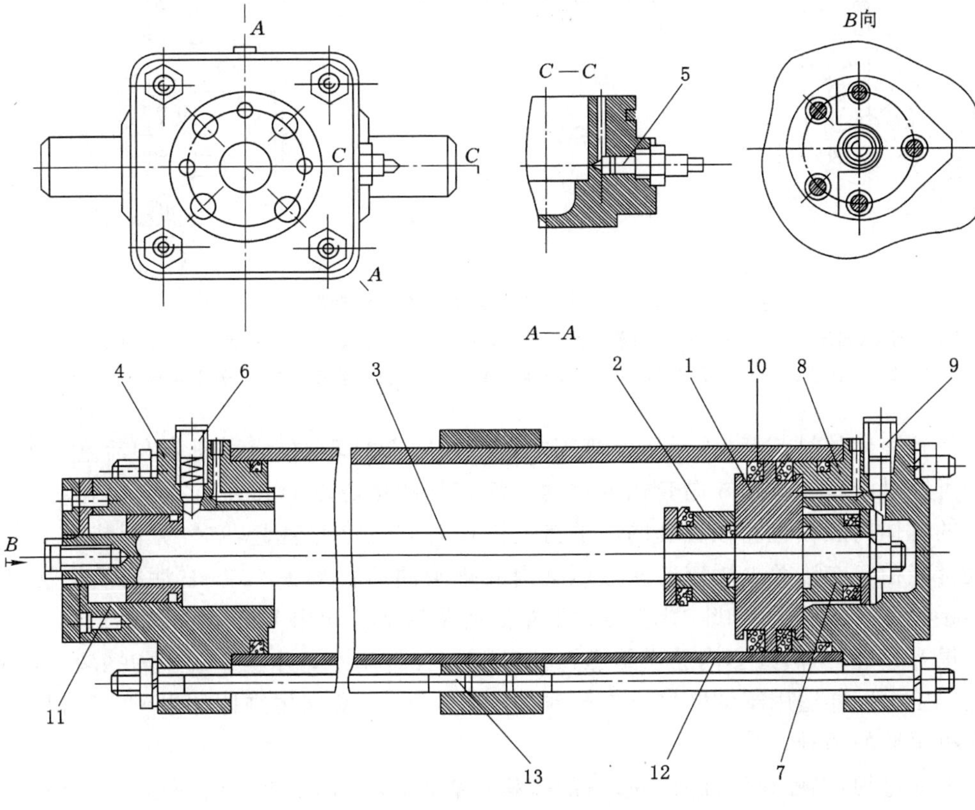

图 4-5　GT-Y1 型液压缸驱动装置

1——活塞；2——左轴套；3——活塞杆；4——左端盖；5——节流阀；6——左端管接头；7——右轴套；8——右端盖；9——右端管接头；10——U 形大密封圈；11——U 形小密封圈；12——套筒；13——拉杆

当右轴套进入右端盖的孔中，通过装在右端管接头中的单向阀和在右端盖中的节流阀进行类似的制动过程。活塞用 U 形大密封圈密封，而活塞杆则用 U 形小密封圈密封。左、右端盖用拉杆拉紧并靠到套筒上。

(2) 带气-液缸的手臂提升机构传动装置

带气缸-液压缸的驱动装置如图 4-6 所示，该机构主要用于工业机器人操作机的手臂提升。

GT-Y2 型气-液手臂提升机构传动装置中，操作机手臂机构是通过法兰连接的；手臂机构、滑套可在端盖的内孔中移动。端盖被拧紧在缸套上。缸套中有两个活塞，其中，左活塞

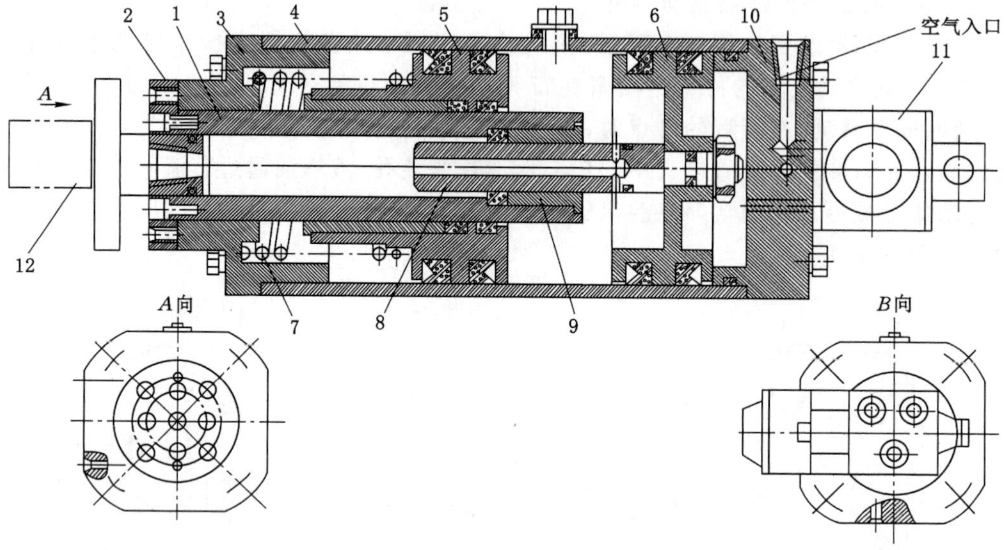

图 4-6　GT-Y2 型气-液手臂提升机构传动装置

1——滑套(套筒);2——法兰;3——左端盖;4——缸套;5——左活塞;6——右活塞;7——弹簧;8——活塞杆;9——导向套;10——右端盖;11——空气分配装置;12——手臂机构

安装在套筒外表面的衬套上,并且用弹簧压向左活塞的支撑环,右活塞则装在活塞杆上,此时活塞杆可以沿滑套的内装导向套往返移动。活塞杆的中心轴向孔通过径向小孔将左、右活塞之间的缸体内腔相连。在缸套的右端盖上固定着空气分配装置,空气分配装置上带有压缩空气排吸槽。在法兰上固定着向液压缸内腔排吸油的管接头。左、右活塞及缸套之间的活动连接用 U 形密封圈密封,滑套相对于左活塞及活塞杆均用 U 形密封圈密封。

手臂提升过程:当向缸套内腔供给压力油时,左、右活塞分离并压在端盖的挡块上,压缩弹簧。这一工况同样适用于切断气缸空气时的状况。此时,套筒由缸体伸出一定行程,从而实现操作机手臂的提升。

手臂下降过程:当停止供油时,左、右活塞相互靠近,压力油由缸体内腔通过活塞杆上的小孔流出,实现操作机手臂快速下降;弹簧推动左活塞,促使套筒的运动速度增加。当右活塞行程到终点时,导向套遮住活塞杆上的径向小孔,套筒在碰到挡块之前产生制动。这一工况同样适用于切断输入空气时的状况。

4.3.2　典型的电驱动装置

工业机器人执行机构的电驱动装置必须满足以下条件:

① 在最大加速度情况下,启动速度快。

② 在过渡工作状态下,电流或力矩的过载能力强。

③ 功率大,损耗少。

④ 调节速度范围大。

工业机器人的电驱动装置从技术特性来说可以有多种形式,依据所采用的电动机不同而不同。

在工业机器人中广泛应用的是直流成套可调、直流随动电驱动装置,其中包括电动机、变换器、变换器控制装置、电源电力变压器、电枢电路的扼流线圈，还有内装测速发电机、位移传感器和电磁制动器等。常用的驱动系统有直流/直流伺服电动机驱动系统、步进电动机驱动系统、直线伺服电动机、直线步进电动机驱动系统。除了直流驱动系统，还有交流电动机、步进电动机及成套电动装置等。

(1) 工业机器人用直流电动机

工业机器人常用直流电动机主要有以下几种：

① 带盘形印制电枢的高速小惯量直流电动机。这种小功率电动机广泛应用于负载力矩较小的操作机杆件的驱动装置中。

② 普通带槽电枢、集电环和永磁式小功率直流电动机。这种电动机是低速电动机，内装配套的位移传感器和电磁制动器。

③ 高速直流微型电动机。这种电动机是小型高速工业机器人常用的，也可用作不同型号尺寸可调驱动装置的测速发电机。另外，还有带盘形电枢的直流小惯量电动机、大力矩永磁励磁电动机、带空心电枢永磁式的小功率直流电动机，也包括整流器式、组合式、步进式及连续控制式电动机等。

④ 往复运动直流电动机。工业机器人用往复运动大力矩电动机，是带空心筒形电枢和径向排列永磁式多极感应线圈的直流电动机。电动机内装有测速发电机、带传动机构的位移传感器和电磁制动器。

(2) 工业机器人用交流电动机

工业机器人用交流电动机包括异步和异步线性等类型电动机。工业机器人常用的交流电动机是交流异步电动机。

交流异步电动机相比直流电动机，具有结构简单、工作可靠、寿命长、成本低、保养维护方便等多方面优点。但同时，交流异步电动机也具备调速性能差、启动转矩小、过载能力和效率低等缺点。一直以来，在不要求调速的场合，交流异步电动机占据主导地位。自从交流电动机变频调速系统开发成功后，交流异步电动机也可应用于需要调速的场合。如采用特殊形式的异步电动机，在三相定子绕组中通过变频和改变电流值调节转速的特殊形式的异步电动机。该种电动机具有价格便宜、惯量小和良好的动态性能等特点，但这种电动机转速低，这是由电驱动装置的技术特性所决定的。

(3) 工业机器人用步进电动机

工业机器人用步进电动机包括动力式回转运动的步进电动机、线性单坐标和多坐标的步进电动机、平面式的步进电动机等。

在工业机器人驱动装置中应用较广的是步进电动机。它具有动作迅速、调速范围大、位移精度高和控制简单等特点。步进电动机与液压扭矩放大器一起在电液驱动装置中作为伺服电动机使用。在小型工业机器人中可以不要液压扭矩放大器而直接使用步进电动机。

步进电动机广泛用于各种操作机和其他辅助装置传动机构中。步进电动机有可能代替工业机器人随动调节装置中程序控制的位移反馈回路。

(4) 工业机器人用成套电动装置

目前，工业机器人用成套电动装置的结构可以是内装行星形式或谐波减速器形式等，它是以可调电动机为基础的机电式的电驱动装置，也可以是电磁线性的电驱动装置。另外，当成套装置的驱动系统由电动机和驱动器两部分组成时，驱动器的作用是将弱电信号放大，将其加载在驱动电动机的强电上，而电动机则是将电信号转化成精确的速度及角位移。在此，仅以常用的成套电动装置为例进行阐述。

① 成套电动回转结构

成套电动回转结构的工作原理及结构如图 4-7 所示，该机构主要用于工业机器人操作机。GT-D1 型成套电动回转结构包括直流电动机、测速发电机、光电圆形位置传感器等，该装置保证了电动机轴转动时随动调节的工作状态。该机构中直流电动机为带变换器组件的电动机。电动机通过法兰固定在齿轮减速器的盖上，经过齿轮的一系列传动关系将动力及运动传递给固接齿轮，此时固接齿轮与转台上的齿圈相啮合，右端的小齿轮也与转台上的齿圈啮合。扭杆的另一端装有带左旋螺纹的轴套，轴套上安装有螺母及反螺母，调整螺母和反螺母便可以将扭杆拉紧，以实现扭杆相对于轴的预紧，即依靠扭杆的扭转来消除齿轮传动中的间隙。成套电驱动装置中的测速发电机通过联轴器、剖分式齿轮等消除传动中的间隙，并与减速器的中齿轮啮合。

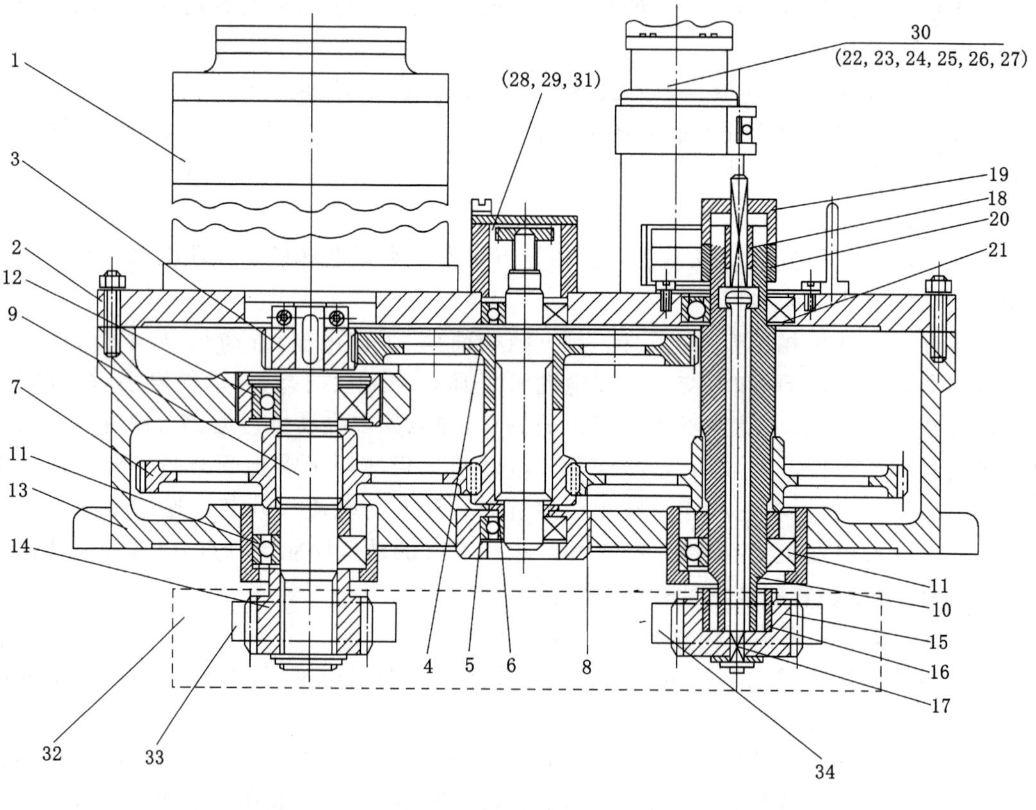

图 4-7　GT-D1 型成套电动回转结构工作原理及结构

1——直流电动机；2——齿轮减速器的盖；3,15,29——小齿轮；4——中齿轮；5,11,12,24——轴承；6,7,8——齿轮；9,10,23,28——轴；13——减速器箱体；14——固接齿轮；16——滚针轴承；17——扭杆；18——左旋螺纹轴套；19——螺母；20——反螺母；21——测速发电机；22——联轴器；25,26,30——剖分式齿轮；27——弹簧；31——光电圆形位置传感器；32——转台；33——转台齿圈 1；34——转台齿圈 2

② 成套电动手臂机构

成套电动手臂机构的工作原理及结构如图 4-8 所示，用于操作机手臂的轴向位移，该机构主要用于工业机器人操作机。

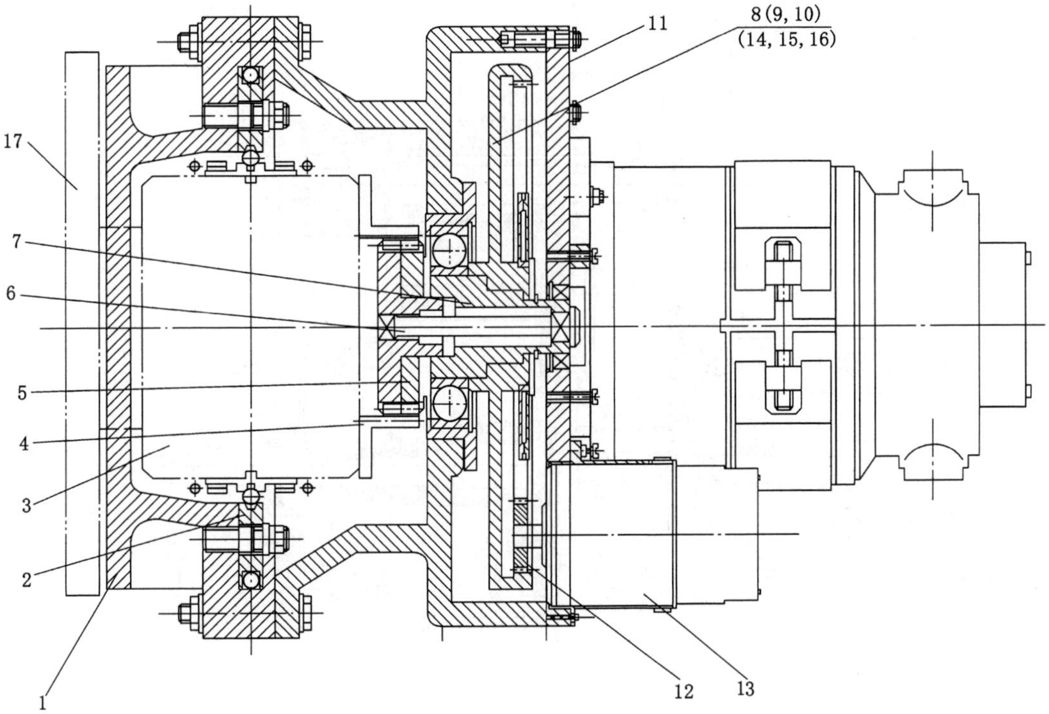

图 4-8　GT-D2 型成套电动手臂机构工作原理及结构

1——壳体；2——滚动导轨；3——手臂；4——齿条；5——剖分式小齿轮；6——扭杆；7——花键轴；8——带内齿圈的轮；9，12，15——小齿轮；10——直流电动机(驱动电动机)；11——上盖；13——测速发电机；14——剖分式齿轮；16——位置光电编码器；17——转台

GT-D2 型成套电动手臂机构包含伸缩机构。手臂沿导向槽装在机构的转台上，并用双头螺栓和螺母固定在其上。手臂在装配结构壳体的内腔沿着棱柱形滚动导轨做纵向(垂直纸面)移动，手臂沿纵向移动是伸缩机构的主要特征。

在手臂的壳体边上固接有齿条，齿条与剖分式小齿轮啮合，由于该小齿轮做成剖分式的，因此小齿轮的上、下半部分会有相对的角位移；在预紧扭杆的作用下，小齿轮下半部分的角位置相对于其上半部分发生改变，这样便能消除齿条-齿轮传动中的间隙。

另外，在花键轴上装有内齿轮，它与固定在直流电动机转子上的小齿轮相啮合。在减速器上盖的内孔中刚性固接着驱动电动机。测速发电机、位置光电编码器通过齿轮传动测试运动速度及位置。

③ 电动装置通用机构

电动装置通用机构的工作原理及结构如图 4-9 所示，该机构主要用于手臂提升模块的电动装置通用机构，也可以作为工业机器人操作机的通用机构。

GT-D3 型电动装置通用机构中，托架上安装有直流电动机及测速发电机，托架固定在传动机构机体上。下面的测速发电机通过齿轮、齿形带传动等来实现驱动。齿形带传动的张紧是通过沿套筒、导向槽移动实现的，用螺钉固定。输出轴的输出端用固定在自由端的联

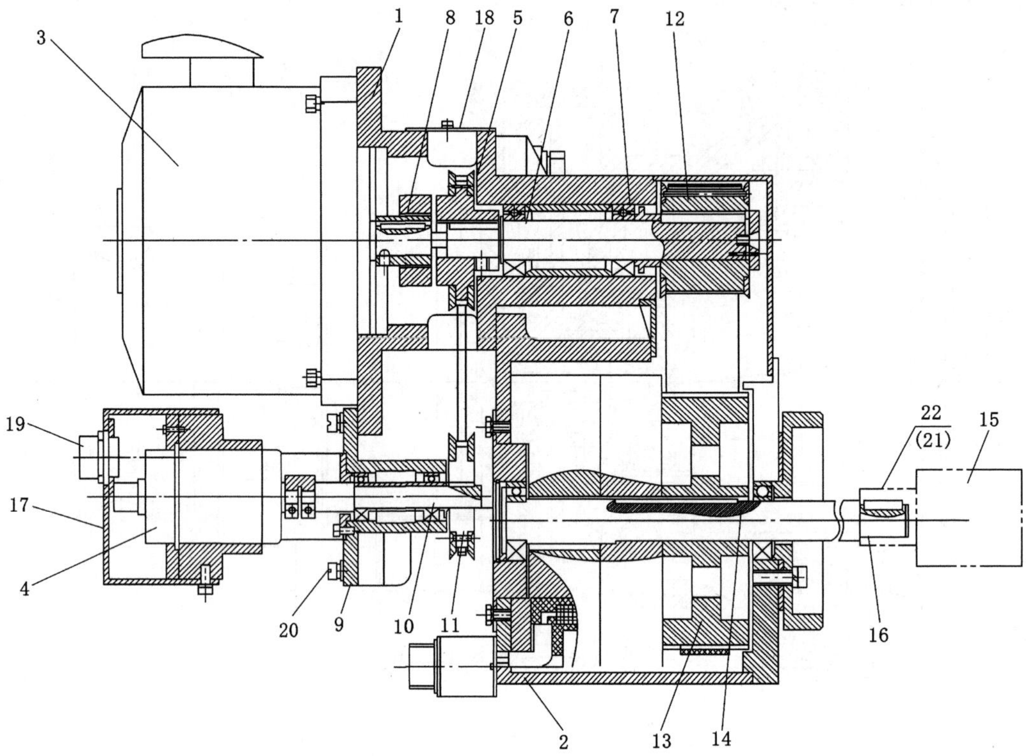

图 4-9　GT-D3 型电动装置通用机构工作原理及结构

1——托架；2——机体；3——直流电动机；4——测速发电机；5，11——带轮；6，10——轴；7——轴承；8，22——联轴器；9——套筒；12——齿形带传动带轮；13——被动带轮；14，16——输出轴；15——减速装置；17，18——罩；19，20——电缆接头；21——位置传感器

轴器与减速器的输入轴相连，以实现后续的传动机构；位置传感器通过无隙齿轮传动和该输出轴相连。该装置中，带传动及测速发电机都用防护罩遮盖，电缆接头则分别安装在防护罩及机体上。

第 5 章　工业机器人结构设计

工业机器人设计是一项复杂的工作，其工作量大、涉及的知识面很广，往往需要多人共同完成。工业机器人设计是面向客户的设计，不能闭门造车；设计者需要同用户共同探讨、不断地全面分析用户的要求，并寻求和完善解决方案。机器人设计是面向加工的设计，设计者需要掌握大量的加工工艺及加工手段，因为再好的设计，如果工厂不能加工出产品，其设计也是失败的。随着科学技术的发展及社会需求的变化，工业机器人设计将是一个不断完善的过程。

5.1　工业机器人总体设计方案与流程

5.1.1　工业机器人总体设计方案

总体设计方案的制订包括确定工业机器人系统组成、建立坐标系、确定运动模式等。

(1) 工业机器人系统组成

工业机器人一般由机械系统、驱动系统和控制系统三个基本部分组成，如图 5-1 所示。

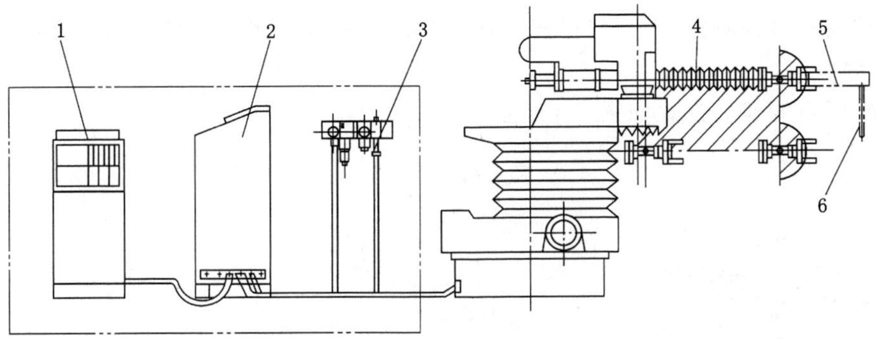

图 5-1　工业机器人组成

1——电驱动配套件；2——程控装置；3——气压组件；4——机器人主体；5——工件；6——外轴

机械系统即执行机构，包括基座、臂部和腕部，大多数工业机器人有 3～6 个运动自由度；驱动系统主要指驱动机械系统的驱动装置，用以使执行机构产生相应的动作；控制系统的任务是根据机器人的作业指令程序及从传感器反馈回来的信号来控制机器人的执行机构，使其完成规定的运动和功能。

工业机器人系统的外围部分还包括工件及外轴等。

(2) 建立坐标系

为了精确、系统地描述机器人各单元之间的相互关系和作用，实现机器人精准控制，需要建立机器人坐标系。目前常用的坐标系形式主要包括基坐标系、大地坐标系、工件坐标系及工具坐标系等。

① 基坐标系

基坐标系的建立方式如图 5-2 所示。

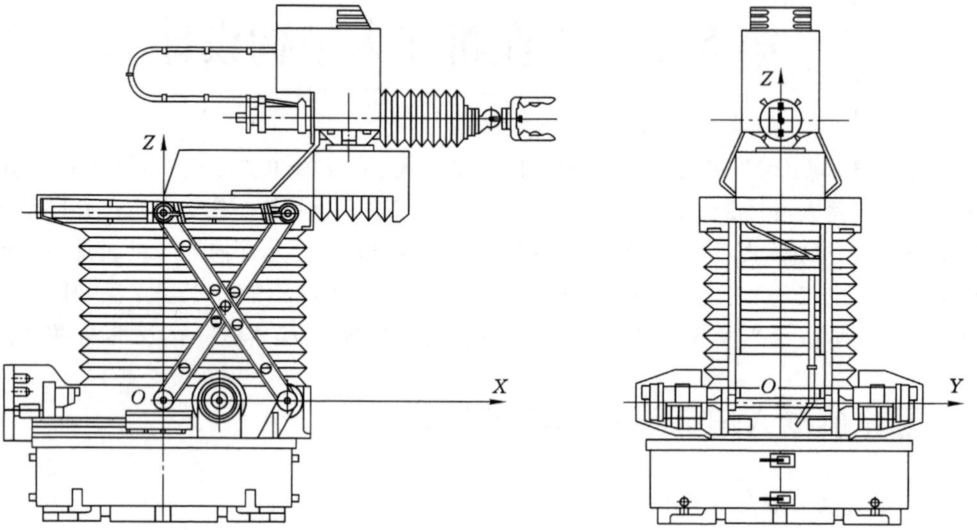

图 5-2 基坐标系建立

基坐标系位于机器人基座。基坐标系在机器人的基座中有相应的零点，使用该方式，机器人的移动具有可预测性，对于将机器人从一个位置移动到另一个位置时很有帮助。

② 大地坐标系

大地坐标系的建立方式如图 5-3 所示。

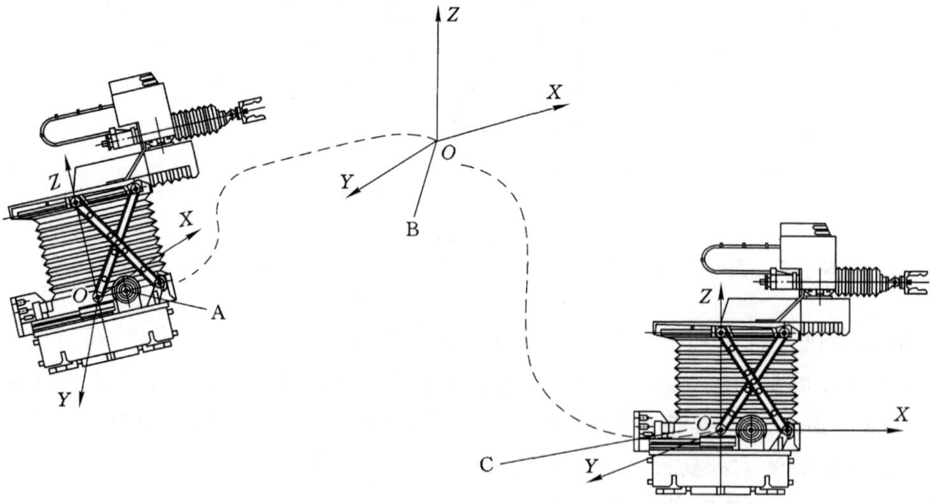

图 5-3 大地坐标系建立

A——机器人 1 的基坐标系；B——大地坐标系；C——机器人 2 的基坐标系

大地坐标系在工作单元或工作站中的固定位置均有其相应的零点。这有助于处理若干个机器人或由外轴移动的机器人工作。在默认情况下，大地坐标系与基坐标系是一致的。

③ 工件坐标系

工件坐标系的建立方式如图 5-4 所示。

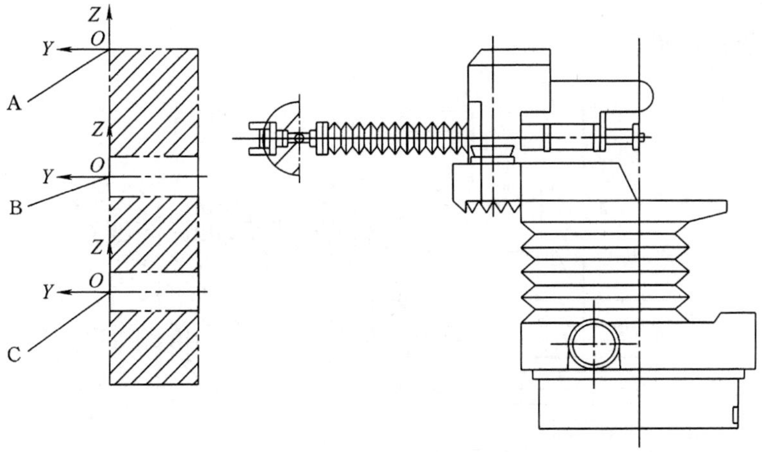

图 5-4　工件坐标系建立

A——用户框架；B——目标框架 1；C——目标框架 2

工件坐标系是拥有特定附加属性的坐标系。它的主要功能是简化编程。工件坐标系拥有两个框架：用户框架（与大地基座相关）和工件框架（与用户框架相关）。

④ 工具坐标系

工具坐标系的建立方式如图 5-5 所示。

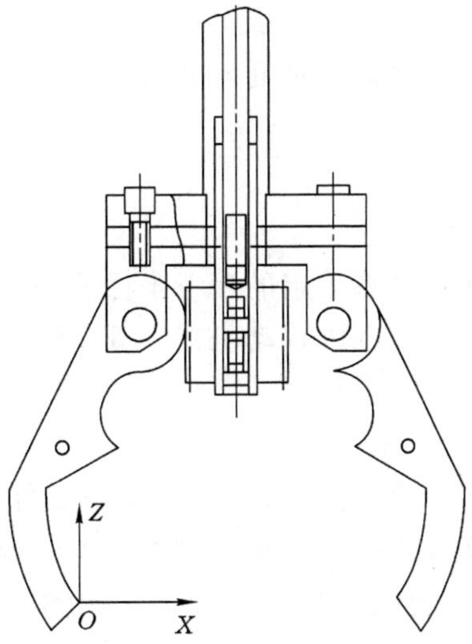

图 5-5　工具坐标系建立

工具坐标系将工具中心点（Tool Center Point，简称 TCP）设为零位，由此定义工具的位置和方向。执行程序时，机器人就是将 TCP 移至编程位置。这意味着，如果要更改工具，机器人的移动也将随之更改，以便新的 TCP 可以到达目标。

(3) 确定运动模式

机器人运动模式包括单轴运动模式、线性运动模式及重定位运动模式。

① 单轴运动模式

单轴运动模式如图 5-6 所示。

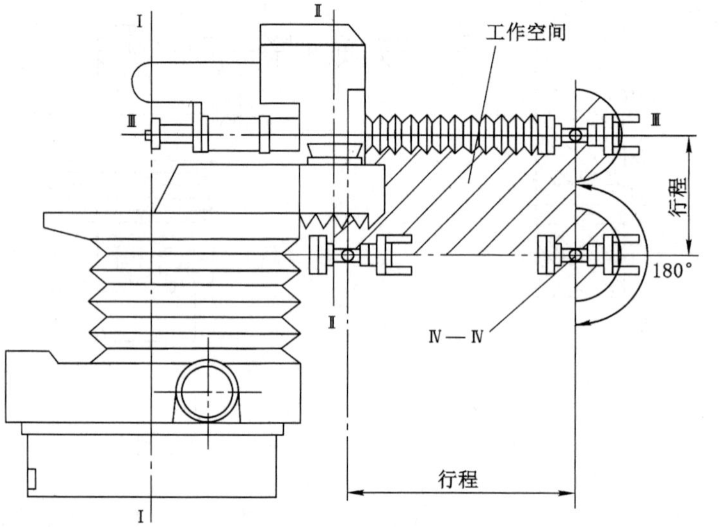

图 5-6 单轴运动模式

单轴运动即为单独控制某一个关节轴运动，机器人末端轨迹难以预测，一般只用于移动某个关节轴至指定位置、校准机器人关节原点等场合。

例如，转动：绕垂直轴Ⅰ—Ⅰ；绕垂直轴Ⅱ—Ⅱ；绕轴Ⅲ—Ⅲ；绕轴Ⅳ—Ⅳ。移动：沿水平轴Ⅲ—Ⅲ移动；沿轴Ⅰ—Ⅰ移动。

② 线性运动模式

线性运动模式如图 5-7 所示。

线性运动即控制机器人 TCP 沿着指定的参考坐标系的坐标轴方向进行移动，在运动过程中工具的姿态不变，常用于空间范围内移动机器人 TCP 位置。

③ 重定位运动模式

重定位运动模式如图 5-8 所示。

一些特定情况下，需要重新定位工具的方向，使其与工件保持特定的角度，以便获得最佳效果，如在焊接、切割、铣削等应用中。当将工具中心点微调至特定位置后，在大多数情况下，需要重新定位工具方向，定位完成后，将继续以线性动作进行微动控制，以完成路径和所需操作。

当工具在图 5-8 所示的 A、B、C 不同位置时，O 点就是重定位位置。

5.1.2 工业机器人设计流程

工业机器人的设计与大多数机械设计过程相似，具体到机器人产品，要保证设计的协调

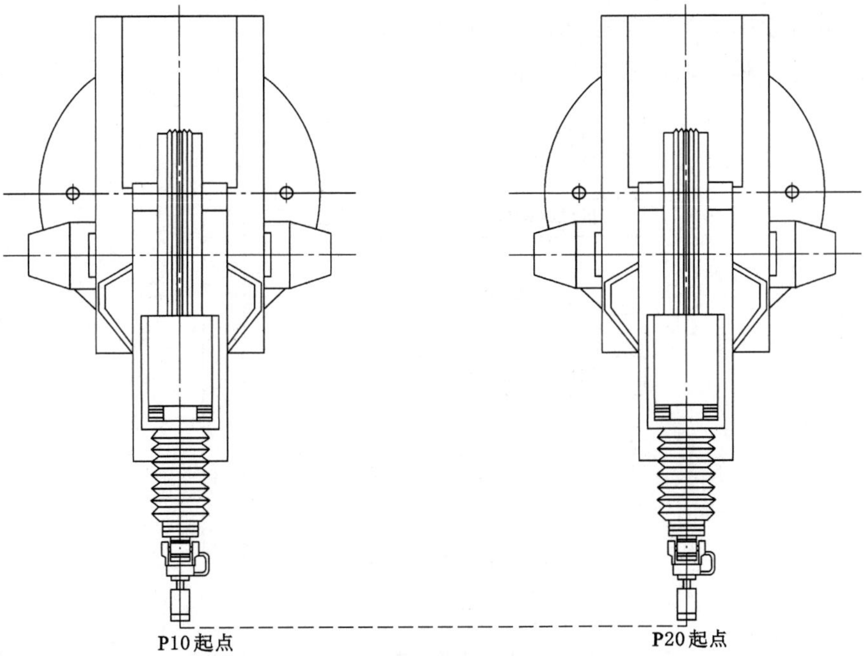

图 5-7　线性运动模式

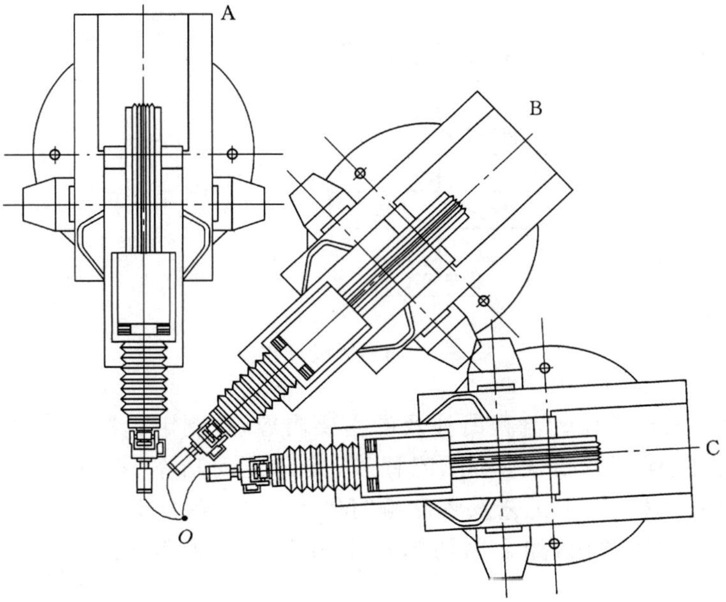

图 5-8　重定位运动模式

性、规范性，首先需要明确机器人的使用要求，即能实现哪些功能、活动空间（有效工作范围）有多大，接下来要做的是确定设计任务。

确定设计任务是一个相对复杂的过程，如机械结构模型的建立、运动性能的计算等。对于设计流程的制定不应强求一致，但应有明确的规则。

机器人设计流程可以用图 5-9 表示。

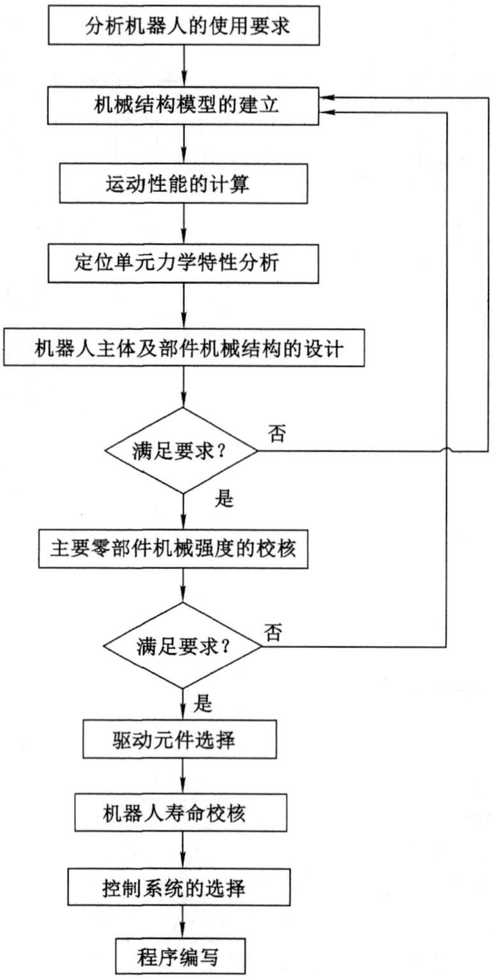

图 5-9　机器人设计流程

图 5-9 所示为机器人设计流程所涉及的主要内容，在制定机器人设计流程时，还要涉及制作机械传动图、运动分析图、动作流程表，确定传动功率、控制流程和方式，设计计算，草图绘制，材料选择，加工工艺及程序编写等。另外，在分析机器人的使用要求时，还需要参考机器人的应用领域，如金属切削机床用机器人、垛码机器人、包装机器人、焊接机器人等。

5.2　转动机构设计

转动机构通常作为工业机器人系统的支撑部件，并实现机器人本体的转动。对此，在进行机器人转动机构设计时，对整个机构体积、重量等均有要求，并要求传动链尽可能短、传动效率要高。

5.2.1　转动机构设计流程

转动机构设计流程的内容包括运动性能、力学特性、机械结构、精度要求、详细设计、验证与修改等。在此仅以 GJ-Ⅰ型转动机构为例进行阐述。

（1）方案制订

明确转动机构在机器人整机中的作用及位置，制订转动机构的方案。为了满足机器人转动机构的要求，GJ-Ⅰ型转动机构采用电驱动。

（2）运动性能及参数

GJ-Ⅰ型机器人转动机构的运动性能及参数要求见表 5-1。

表 5-1　转动机构运动性能与参数（GJ-Ⅰ型）

运动性能	数值
最大线位移： 沿垂直轴/mm	500
最大角位移： 手臂相对于垂直轴/(°)	300
运动关联性能	—

绘制 GJ-Ⅰ型转动机构的传动链或运动原理简图。

（3）力学特性

针对 GJ-Ⅰ型转动机构的设计对象，制定满足其结构的力学特性与参数，其参数见表 5-2。

表 5-2　转动机构力学特性与参数（GJ-Ⅰ型）

力学性能	数值
机器人额定负载/kg	20
力学关联性能	—

对转动机构的关键零部件还应进行强度、刚度、稳定性等计算。

（4）零部件建模与设计

在满足运动性能计算、力学特性分析的前提下，进行 GJ-Ⅰ型转动机构的零部件建模与设计。机械结构特殊要求见表 5-3。

表 5-3　转动机构机械结构特殊要求（GJ-Ⅰ型）

机械结构特性	数值
质量（数控装置除外）/kg	570
机械结构关联性能	—

该设计应包括关键转动零件的设计，也应包括部分零部件的详细设计、优化设计等。

（5）精度要求

在转动机构的零部件结构设计时，必须考虑选用件的匹配及零部件间的配合，也包括传动误差分析，以满足精度要求。其精度要求见表 5-4。

表 5-4　　转动机构机械结构特殊要求（GJ-Ⅰ型）

定位误差	数值
最大定位误差/mm	±1

（6）详细设计、验证与修改

在上述基础上进行转动机构及全部零部件的详细设计。验证转动机构的运动性能、力学特性及精度要求，修改零件的机械结构，直至满足各项技术要求。

5.2.2　转动机构原理

机器人转动机构按传动方式分为齿轮传动、带传动、链传动、绳传动、谐波减速器传动及摆线针轮传动等方式。但这些传动存在体积大、结构复杂等缺点。

GJ-Ⅰ型机器人转动机构的运动链如图 5-10 所示，包括电动机、蜗杆减速器、齿轮传动及转轴等，该机构设计简单、紧凑、效率高。

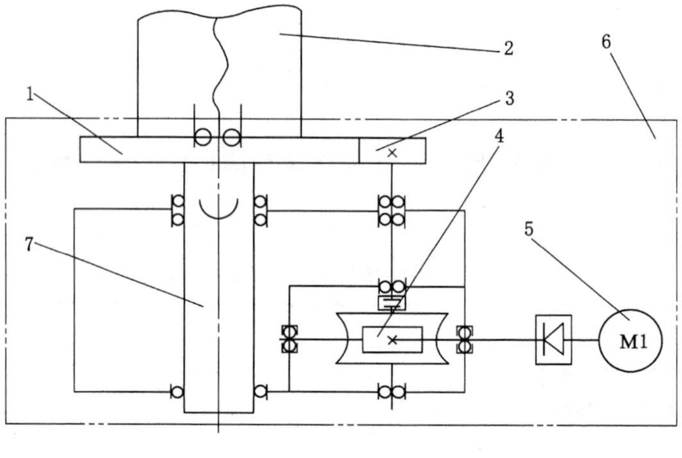

图 5-10　GJ-Ⅰ型转动机构运动链

1，3——齿轮传动；2——升降机构；4——蜗杆减速器；5——电动机；6——转动机构；7——转轴

GJ-Ⅰ型机器人适用于数控机床的辅助工作，其转动机构要求有沿着垂直轴（Z 方向）的移动、绕着垂直轴方向（水平面）的转动及具有最大角位移的限制等。对此，转动机构可以通过一系列构件与运动关节连接而成，设计转动部件时，应包括减速装置、传动装置及联结装置等机械结构。

图 5-10 中转动机构采用电驱动蜗杆减速器机构，利用电动机的转动驱动蜗杆减速器，通过蜗杆减速器传递低速运动及动力给直齿圆柱齿轮，再通过直齿圆柱齿轮传递给转轴，转轴的运动促成转动机构的工作。

分析转动机构运动链得知，该转动机构以电动机的输入旋转运动开始，以转轴的输出旋转运动结束，期间进行减速运动、传递动力并进行功能方式的转换，直至传递出达到技术要求的运动特性。

5.2.3　转动机构结构与分析

机器人转动机构（或转动关节）会受到静力参数和动力参数两部分的影响，同时，转动中存在着摩擦，由摩擦引起的定位与跟踪误差、极限振荡等现象。这些现象和影响会随着零部件结构的复杂性而增加，已经成为阻碍机器人性能提高及装配的主要障碍，对此，GJ-Ⅰ型机器人进行了优化机构设计，如图 5-11 所示。

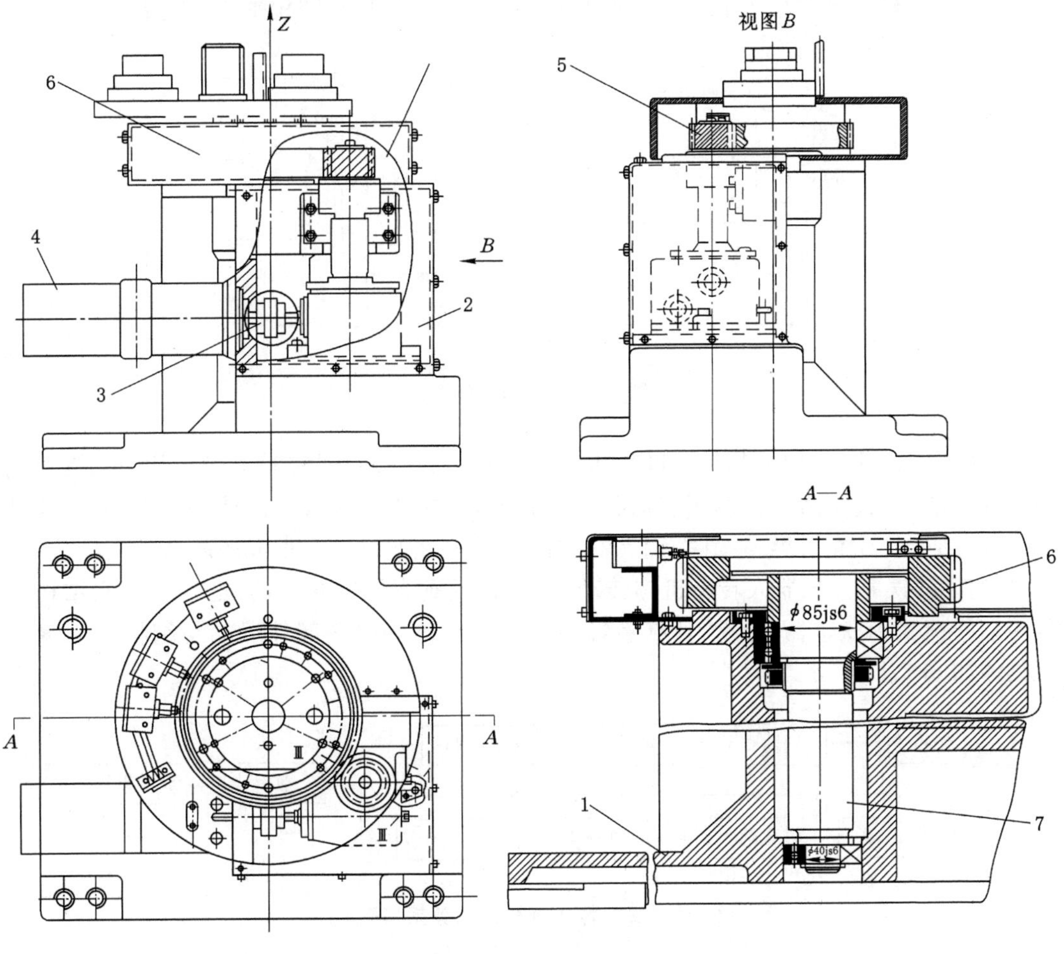

图 5-11　GJ-Ⅰ型转动部件装配结构简图

1——基座；2——蜗杆减速器；3——齿形联轴器；4——电动机；5，6——齿轮传动；
7——转轴；Ⅲ——转动部件中小齿轮的外联结构

转动部件的主要结构关系：

(1) 图 5-11 表达了 GJ-Ⅰ型机器人转动部件装配结构，包括基座、蜗杆减速器、齿形联轴器、电动机、齿轮传动及轴等。转动部件作为电驱动的中介，入口是高速电动机，出口是低速工作机。转动部件满足转动机构在垂直于 Z 轴方向的水平面内转动要求，其转角控制在 [−150°，150°] 范围内。由于转动部件做成单独的组件形式，因而形成转角的连接件装配方便，角位移调整方便，容易实现转角的精度要求。

转动部件作为机器人系统中的一个重要环节，其结构、重量、尺寸对机器人有直接影响。转动部件的结构关系主要有：在机器人基座上固定有蜗杆减速器，蜗杆减速器参与传动，输出很大的力矩，减速范围大；基座通过齿形联轴器与电动机相连；在蜗杆减速器的输出轴上装配有外联结构，外联齿轮与转轴相连的圆柱齿轮 6 相啮合；在电动机尾部装配检测元件，通过控制转动部件的速度及转角来提高机器人转动精度。

(2) GJ-Ⅰ型机器人转动部件设计时，要求传动零件数少、结构简单紧凑、制造容易。图 5-12 所示为对转动部件中转轴零件进行优化处理后的简图，其结构平直、简洁。

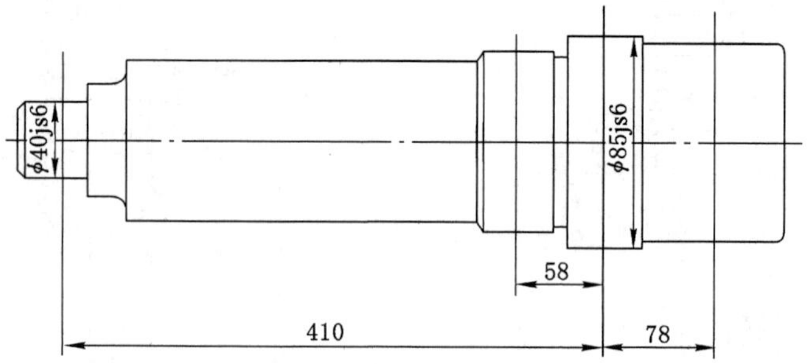

图 5-12 转轴结构简图

转动结构设计时，如果其他零部件也依此方法进行处理，即实时求得在几个关键时刻该机构（或关节）的转矩后进行修正或简化，并对相应结构进行有效的设计和补偿，则在此基础上的转动结构设计相对容易，其控制、调整方便，系统性能也将有很大的改善。

(3) 传动误差。机器人转动机构传动时，既包括垂直转轴的运动，也存在外联结构的作用，传动状况受到联轴器、轴承、丝杠螺母副及转动机体等串联部件运动与结构等因素的影响，具体如图 5-13 所示。

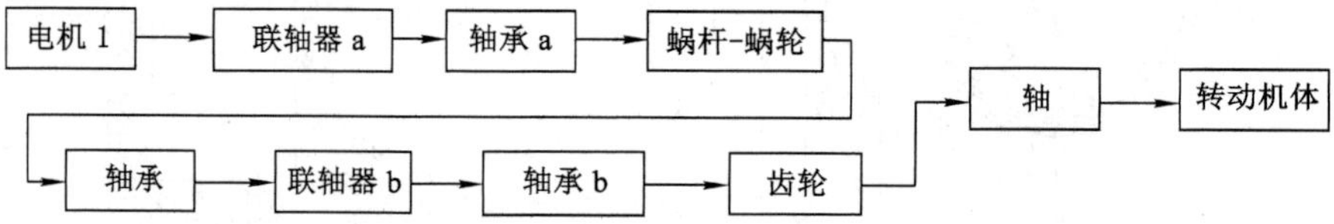

图 5-13 转动机构传动关系简图

转动机构传动误差为转动机构运动链的总误差 E，其值可以简化为相关零部件的误差 E_i 串联之和。计算时，首先分配或测量得到各个零部件的误差，之后可以通过公式 $E=\sum E_i$ 得到具体数值，该数值也是转动机构建模、优化及结构设计的重要数据。

5.3 升降机构设计

升降机构又叫升降台，是一种将人或者货物升降到某一高度的升降设备。在机器人结构中，为了装卸与上、下料方便而经常使用。同时，工厂、自动仓库等物流系统中进行垂直输送时，升降平台上往往还装有各种平面输送设备，作为不同高度输送线的连接装置。

5.3.1　升降机构设计流程

升降机构设计流程的内容包括运动性能、力学特性、机械结构、精度要求、详细设计、验证与修改等。在此仅以 GJ-Ⅰ型升降机构为例进行讨论。

(1) 方案制订

明确升降机构在机器人整机中的作用及位置，制订升降机构的方案。

机器人升降机构应满足以下特性：

① 为了机器人运动灵活，将升降机构做成单独组件的形式。

② 为了专用高效的构想，将机器人设置为单手爪。

③ 为了外观结构简单，将传动零件及驱动电动机都安装在机器人内部。

④ 在保证结构强度和安全的前提下，尽量减轻升降部件的重量。

为了满足机器人额定负载的要求，GJ-Ⅰ型升降机构采用液压驱动。

(2) 运动性能及参数

GJ-Ⅰ型机器人升降机构的运动性能及参数要求见表 5-5。

表 5-5　　转动机构机械结构特殊要求(GJ-Ⅰ型)

运动性能	数值
最大线位移：	
沿垂直轴/mm	500
沿水平轴/mm	500～1 100
最大角位移：	
手臂相对于垂直轴/(°)	300
运动关联性能	—

运动性能中，沿水平轴最大线位移数值将会影响升降机构的稳定性。

绘制 GJ-Ⅰ型升降机构的传动链和运动原理简图。

(3) 力学特性

针对 GJ-Ⅰ型升降机构的设计对象，制定满足其结构的力学特性与参数，其参数见表 5-6。

表 5-6　　升降机构力学特性与参数(GJ-Ⅰ型)

力学性能	数值
机器人额定负载/kg	50
力学关联性能	—

对升降机构的关键零部件应进行强度、刚度、稳定性等计算。

(4) 零部件建模与设计

在满足运动性能计算、力学特性分析的前提下，进行 GJ-Ⅰ型升降机构的零部件建模与设计。机械结构特殊要求见表 5-7。

表 5-7　　升降机构力学特性与参数(GJ-Ⅰ型)

机械结构特性	数值
质量(数控装置除外)/kg	900
机械机构关联性能	—

该设计应包括关键传动零件的设计,也应包括部分零部件的详细设计、优化设计等。

(5) 精度要求

在升降机构的零部件结构设计时,还必须考虑选用件的匹配及零部件间的配合,也包括传动误差分析,以满足精度要求,其精度要求见表 5-8。

表 5-8　　升降机构力学特性与参数(GJ-Ⅰ型)

定位误差	数值
最大定位误差/mm	±1

(6) 详细设计、验证与修改

在上述基础上进行升降机构及全部零部件的详细设计,验证升降机构的运动性能、力学特性及精度要求,修改零件的机械结构,直至满足各项技术要求。

5.3.2　升降机构原理

机器人升降机构中存在传动误差,转动关节会受到静力参数和动力参数两部分的影响,因此设计中应考虑在不同工作状态下的传动参数和受力参数,机器人基础部件设计时必须满足升降机构沿垂直方向的运动空间。

GJ-Ⅰ型器人升降机构的运动链如图 5-14 所示。对于该升降机构服务的数控机床机器人来说,除了具有升降过程外,还应具有旋转功能,以方便配合数控机床对工件加工的需求。设计升降机构时应包括减速装置、传动件、滚珠丝杠副及导向柱等机械结构。

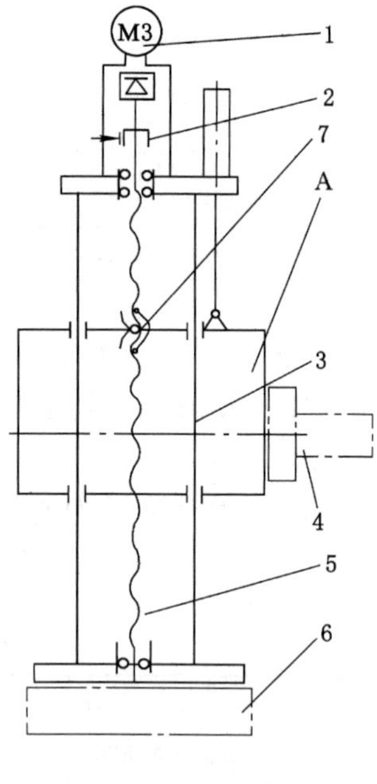

图 5-14　转动机构传动关系简图

1——电动机;2——电磁制动器;3——导向柱;4——手臂;5——滚珠丝杠;6——转动机构;7——滚珠丝杠副;A——手臂伸缩机构

该机构通过电动机、联轴器、滚珠丝杆副、导向柱及等机械零部件传递运动和动力。在图 5-14 中,关键是要注意沿轴线最大位移速度及沿滚珠丝杠转动的限制。工作过程中,升降机构应该保证在垂直方向的行程及沿导柱的上、下极限位置,由此可以形成提升功能及实现升降运动的稳定性。

5.3.3　升降机构结构与分析

升降机构按照其结构的不同可以分为剪叉式、升缩式、套筒式、升缩臂式及折臂式等。由 GJ-Ⅰ型机器人特征要求得知,升降机构应沿垂直轴运动并具有最大线位移的限制,对此升降机构传动可以通过"减速"及一系列构件构成"运动关节"连接而成;升降主体外部采用套筒式,内部采用螺旋式丝杠。

GJ-Ⅰ型机器人升降机构用于将机器人的转动部件及手臂部件等升降到一定位置,并且当转动部件及手臂部件工作时,能满足机器人强度及稳定性的要求。图 5-15 所示为丝杠式升降部件结构简图,机器人的升降机构带动手臂移动,之间可以采用固定式结构连接。

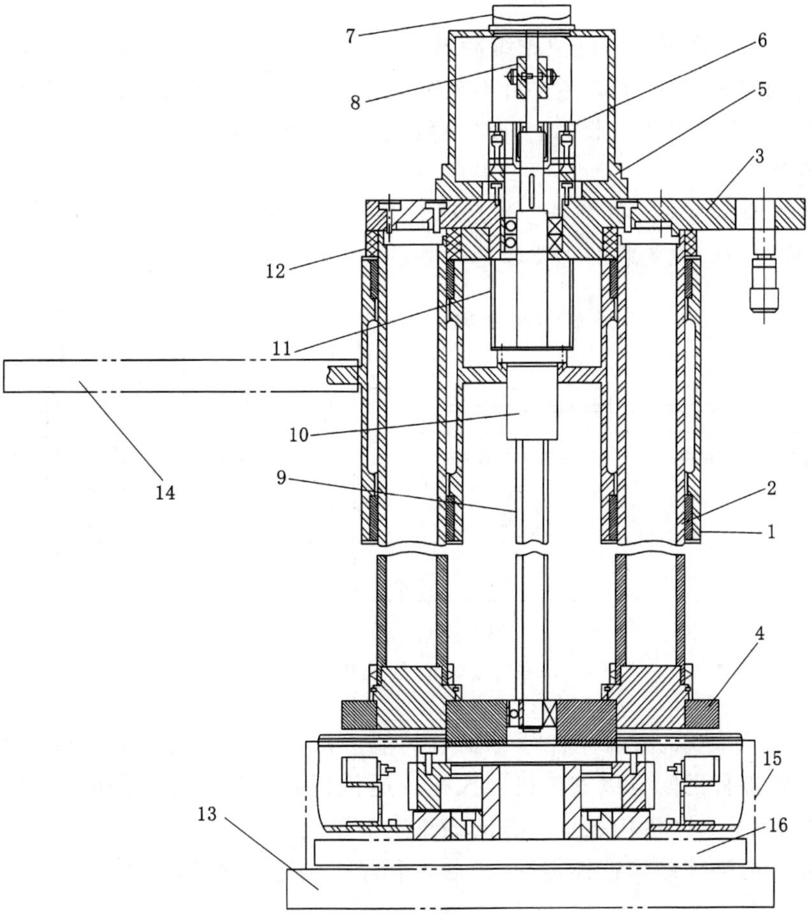

图 5-15　丝杠式升降部件结构简图

1——机体(手臂伸缩组件);2——导向柱;3——上支承板;4——下支承板;5——直流电动机基座;6——电磁制动器;7——直流电动机;8——齿形联轴器;9——滚珠丝杠;10——滚珠丝杠副的螺母;11——皱纹护套;12——橡胶缓冲器;13——转动机构;14——手臂;15——基础部件;16——基座

GJ-Ⅰ型升降机构可以做成单独的组件装配形式,在保证传动误差要求的前提下,应尽量简化装配结构。

升降部件的主要结构关系:

(1) 升降部件在机器人整机中的位置是在基础部件之上,其中升降部件的静止部件(两个固定导向柱)在基础部件之上并沿垂直方向固定安装。运动部件(机体)通过直流电动机基座进行固定安装,上、下支承板中有两个固定导向柱,机体可沿导向柱上、下移动。在上支承板上装有直流电动机基座,在其内部装有电磁制动器。直流电动机装在直流电动机基座上,通过齿形联轴器与滚珠丝杠相连。滚珠丝杠副的螺母紧固在手臂伸缩组件的机体上。

这样，电动机的转动变为手臂的上、下往复移动。滚珠丝杠螺母副要设置自锁结构，以此在保证升降机构运动到准确位置极限的同时还要保证其安全性，也就是要考虑工作时的稳定性及可靠性。由此，升降部件(也包括带动的手臂伸缩部件)可以实现手臂伸缩部件的上、下往复移动。该结构上、下运动灵活，提升范围长，在低速时无爬行，设备结构刚度高，体积小，重量轻，操作方便，维护简单。

(2) 升降部件中也可以增设橡胶缓冲器、皱纹护套等。橡胶缓冲器用以缓和当手臂上、下行程终端时的冲击，皱纹护套主要针对丝杠防尘、防污垢。这样既可以满足机器人负载值的要求，也便于实施封闭结构形式的升降，可以有效地避免工作中的二次污染，从而提高机器人的整体性能。

(3) 升降机构主要零部件分析。滚珠丝杠是升降机构实现升降功能的主要运动与受力零件，升降机构中与丝杠关联的主要零部件如图 5-16 所示。

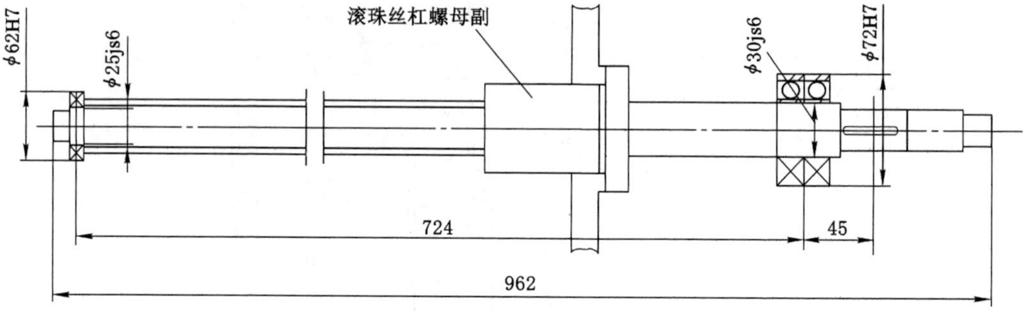

图 5-16　丝杠关联分布

图 5-16 中包括轴承、滚珠丝杠螺母副及其他连接件。丝杠的主要作用是通过轴承、滚珠丝杠螺母等零部件的配合以支持机器人在一定位置高度的工作。同时，丝杠还与导向柱并行工作，共同承受升降机构在垂直方向的稳定与平衡。

分析机器人的整体结构特性得知，机器人升降机构运动时，其沿垂直轴运动范围最大位移为 500 mm。

对丝杠结构要求相对简单，对升降机构控制的实现相对容易，经优化后丝杠的结构简图如图 5-17 所示。

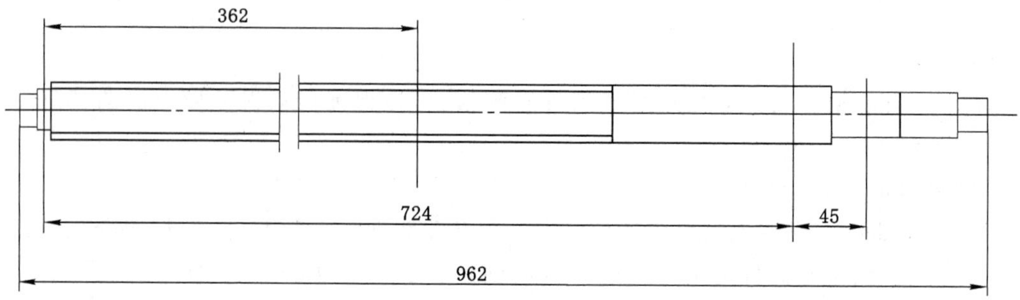

图 5-17　丝杠结构简图

对丝杠进行优化处理后，将使升降机构装配更为简洁，升降机构控制、调整更为方便。

(4) 传动误差。机器人升降机构的运动主要是相对垂直轴的运动，运动链受到联轴器、轴承、丝杠螺母副及导向柱等串并联部件运动的影响，其传动关系如图 5-18 所示。

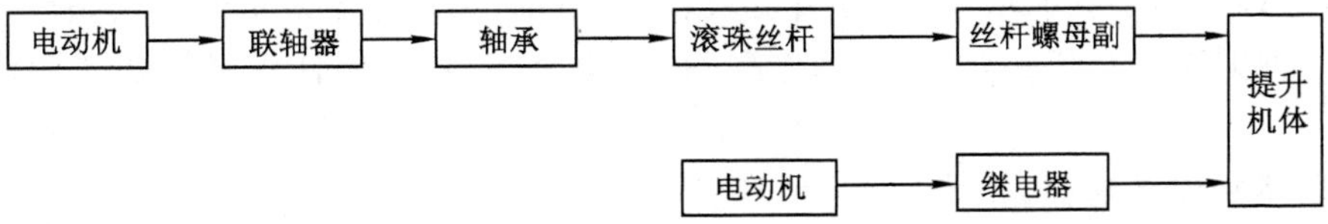

图 5-18　GJ-Ⅰ型升降机构传动关系

运动过程中零部件的结构、制造装配及传动误差等因素均对整个升降机构运动链误差有影响，应对各个零部件误差 E_i 进行合理分配或测量，当各零部件误差给定后，运动链总误差 E 即为相关零部件的串联之和，可以通过公式 $E=\sum E_i$ 计算得到。

传动误差数值的大小与方向为升降机构控制分析及设计提供了数据依据，传动误差位置的确定有利于升降部件结构设计，使装配关系更加明确，可以提高升降部件的装配工艺性。

5.4　手臂机构设计

手臂由机器人的动力关节和连接杆件等构成，手臂有时也包括肘关节和肩关节，是机器人执行机构中最重要的部件。它的作用是支撑手部和腕部，并改变手部在空间的位置。对手臂机构的要求包括：手臂承载能力大、刚性好且自重轻；手臂运动速度适当，惯性小，动作灵活；手臂位置精度高；设计合理，工艺性好。

(1) 手臂承载能力大、刚性好且自重轻

手臂的承载能力及刚性直接影响到手臂抓取工件的能力及动作的平稳性、运动速度和定位精度。如承载能力小，则会引起手臂的振动或损坏；刚性差则会在平面内出现弯曲变形或扭转变形，直至动作无法进行。为此，手臂一般都采用刚性较好的导向杆来加大手臂的刚度，对手臂支承、连接件的刚性也有一定的要求，以保证能承受所需要的驱动力。

(2) 手臂运动速度适当，惯性小，动作灵活

手臂通常要经历由静止状态到正常运动速度，然后减速到停止不动的运动过程。若手臂自重轻，其启动和停止的平稳性就好。对此，手臂运动速度应根据生产节拍的要求决定，不宜盲目追求高速度。

手臂的结构应紧凑小巧，这样手臂运动便轻快、灵活。为了手臂运动轻快、平稳，通常在运动臂上加装滚动轴承或采用滚珠导轨。对于悬臂式机械手臂，还要考虑零件在手臂上的布置。要计算手臂移动零件时，还应考虑其重量对回转、升降、支承中心等部位的偏移力矩。

(3) 手臂位置精度高

机械手臂要获得较高的位置精度，除采用先进的控制方法外，在结构上还注意以下几个问题：① 机械手臂的刚度、偏移力矩、惯性力及缓冲效果均对手臂的位置精度产生直接影响；② 需要加设定位装置及行程检测机构；③ 合理选择机械手臂的坐标形式。

(4) 设计合理,工艺性好

上述对手臂机构的要求,有时是相互矛盾的。如刚性好、载重大时,其结构往往粗大、导向杆也多,会增加手臂自重;如当转动惯量增加时,冲击力大,位置精度便降低。因此,在设计手臂时,应该根据手臂抓取重量、自由度数、工作范围、运动速度及机器人的整体布局和工作条件等各种因素综合考虑,以达到动作准确、结构合理,从而保证手臂的快速动作及位置精度。

5.4.1 手臂机构设计流程

手臂机构设计流程的内容包括运动性能、力学特性、机械结构、精度要求、详细设计、验证与修改等。在此仅以 GR 型热冲压用机器人为例进行讨论。

(1) 方案制订

明确手臂机构在机器人整机中的作用及位置,制订手臂机构的方案。按照抓取工件的要求,机械手的手臂有三个自由度,即手臂的伸缩、左右回转和升降运动。

为了满足 GR 型热冲压用机器人手臂机构的性能要求,采用的主要驱动和控制方式包括:手腕的伸出运动采用电驱动;夹持器采用气缸驱动,两个气缸用于夹持器的压紧;手臂的回转通过回转机构来实现;手臂沿垂直方向的位移采用直线移动机构;手臂的不平衡量采用气缸平衡控制。

(2) 运动性能及参数

GR 型热冲压用机器人手臂机构的运动性能及参数要求见表 5-9。

表 5-9 手臂机构运动性能与参数(GR 型)

运动性能	数值
位移范围:	
手臂在水平面转动/(°)	340
手臂提升/mm	800
运动关联性能:	
手腕伸出/mm	1 500
手腕相对纵轴(*Z* 轴)转动/(°)	90
位移速度:	
手臂转动/[(°)/s]	150
手臂提升/(m/s)	0.6
运动关联性能:	
手腕伸出/(m/s)	1.5
手腕活动/[(°)/s]	90

绘制 GR 型热冲压用机器人手臂机构的传动链和运动原理简图。

(3) 力学特性

从臂部的受力情况分析,它在工作中即直接承受腕部、手部和工件的静载荷、动载荷,并且自身运动较多。因此,手臂的结构、工作范围、灵活性等直接影响到机械人的工作性能。

针对 GR 型热冲压用机器人手臂机构的设计对象,制定满足其结构的力学特性与参数,其参数见表 5-10。

表 5-10　　手臂机构力学特性与参数(GR 型)

力学性能	数值
机器人承载能力/kg	40
夹持力/N	6 000
手臂伸缩机构电动机功率/kW	2.2
直线移动机构电动机功率/kW	2.2
力学关联性能	—

对手臂机构的关键零部件应进行强度、刚度、稳定性等计算。

(4) 零部件建模与设计

在满足运动性能计算、力学特性分析的前提下，进行 GR 型热冲压用机器人手臂机构的零部件建模与设计。机械结构特殊要求见表 5-11。

表 5-11　　手臂机构机械结构特殊要求(GR 型)

机械结构特性	数值
机器人质量(数控装置除外)/kg	1 200
机械结构关联性能	—

该设计应包括手臂关键零件及专用零部件的详细设计、优化设计等。

(5) 精度要求

精度要求与机械手臂的坐标形式有关。如直角坐标式机械手的位置精度较高，其结构和运动都比较简单，误差也小。回转运动产生的误差是放大时的尺寸误差，当转角位置一定时，手臂伸出越长，其误差越大。关节式机械手因其结构复杂，手端的定位由各部关节相互转角来确定，其误差是积累误差，因而精度较差，其位置精度也更难保证。因此，合理选择机械手臂的坐标形式是满足精度要求的方式之一。

在手臂机构的零部件结构设计时，还必须考虑选用件的匹配及零部件间的配合，也包括传动误差分析，以满足精度要求，其精度要求见表 5-12。

表 5-12　　手臂机构精度要求(GR 型)

夹持器定位精度	数值
夹持器定位误差/mm	±2

(6) 上、下料节拍

上、下料节拍由上、下料需要的时间决定。上、下料时间可以由加热炉的出料时间和冲压机的动作时间决定。不同工件设置不同时间的节拍。

(7) 详细设计、验证与修改

在上述基础上进行手臂机构及全部零部件的详细设计，验证手臂机构的运动性能、力学特性及精度要求，修改零件的机械结构，直至满足各项技术要求。

5.4.2 手臂机构原理

一般来说，手臂机构应该具备三个自由度才能满足基本要求，即手臂伸缩、左右回转和升降运动。手臂的这些运动通常通过各种驱动机构及多种传动机构来实现。

GR 型热冲压用机器人手臂机构的传动关系如图 5-19 所示，图中也给出了与提升机构、转动机构及承载系统等的关联。

GR 型热冲压用机器人手臂机构的功能是：保证水平轴向运动和带夹持器手腕的转动，以便在加工时毛坯能安装和定向。该手臂机构传动关系中涉及承载系统、位置传感器、测速发电机及驱动装置、提升及转动机构等。

图 5-19 中左边部分为手腕的伸出运动。手腕的伸出运动由电动机驱动，电动机转子的转动通过联轴器传到轴 XVI，该轴上固定连接着两个齿轮，通过齿轮把运动输出。此时，电动机—联轴器—轴 XVI 的运动也通过齿轮传到轴 XX 上，此时，轴 XX 上的固接小车齿轮与承载系统小车上的齿条相啮合。因为手臂与承载系统小车是固定在一起的，因此可以实现手腕的伸出运动。

另外，电动机转子依靠齿形带传动与测速发电机相连，并通过联轴器与轴 XVII 相连。在轴 XVIII 上装有固定齿轮，该固定齿轮与位置传感器传动装置的齿轮相啮合。

手腕的伸出运动相对于手臂而言是移动零件，也是重量的偏移。此时，偏移或偏移力矩对手臂运动很不利，偏移力矩过大，会引起手臂的振动，当手臂升降时还会发生一端沉的现象，会影响运动的灵活性，严重时手臂与提升部件会卡死。所以，在设计手臂时，要尽量使手臂重心通过回转中心，或离回转中心要尽量接近，以减少偏移力矩。

5.4.3 手臂机构结构与分析

手臂的多种运动通常由驱动装置、各种传动装置、导向定位装置、支承连接件和位置检测元件等来实现，因此它受力比较复杂，其自重较大。由于手臂直接承受腕部、手部及被抓取工件的静、动载荷，尤其是高速运动时，将产生较大的惯性力，易引起冲击及影响定位的准确性。臂部运动部分零部件的重量直接影响着臂部结构的刚度和强度。对此，GR 型热冲压用机器人手臂结构必须根据机器人的运动形式、抓取重量、动作自由度、运动精度等因素来确定。同时，设计时必须要考虑到手臂的受力情况、驱动装置及导向装置的布置、内部管路与手腕的连接形式等因素。

GR 型热冲压用机器人手臂结构如图 5-20 所示。该手臂机构主要由承载系统、带位置传感器和测速发电机驱动装置的直线移动机构、带谐波齿轮减速器的手腕传动机构、带夹持装置的手腕等结构组成。

手臂承载系统包括机体、滚轮、承载轴承、承载轴及移动小车等。在机体中，有两个滚轮套在轴上，在机体的下部安装有两个辊轴，手臂可以在滚轮及辊轴上移动，由此可以引出承载系统。

手臂具有矩形截面，在手臂的侧面焊接着淬过火的导轨，在手臂的前端和后端均装有挡块。而在小车机体上与挡块相对的有弹簧缓冲器，该弹簧缓冲器用于缓和手臂行程到终端时的冲击。

在挡块与弹簧缓冲器接触之前，专用凸轮将会先碰到行程开关的滚轮上，并断开电动机的动力，此时手臂的轴向移动停止。

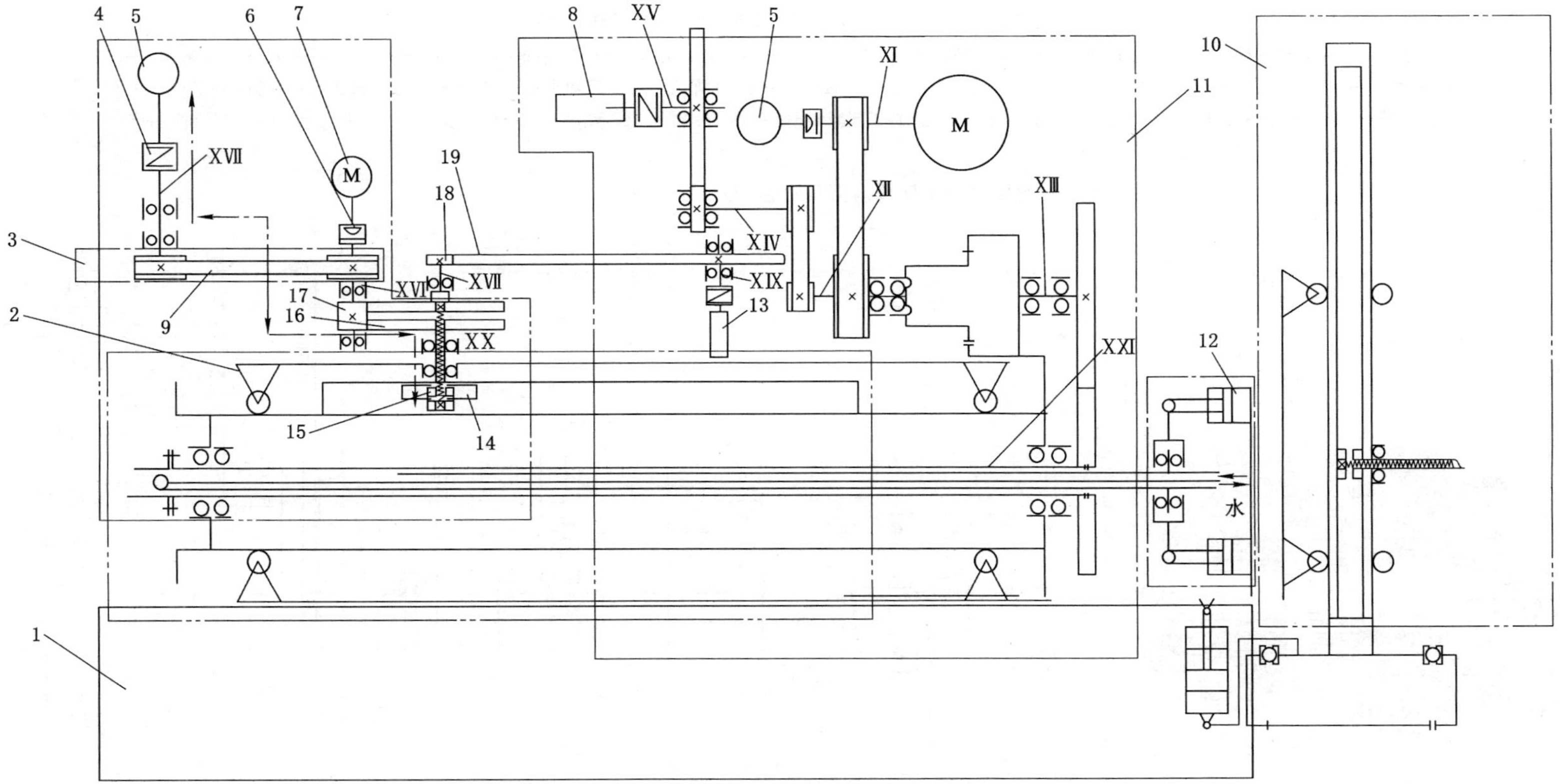

图 5-19　GR 型热冲压用机器人手臂机构的传动关系

1——转动模块；2——承载系统小车；3——引出手腕伸出运动；4，6——联轴器；5——测速发电机；7——电动机；8，13——位置传感器；9——齿形带传动；10——提升动模块；11——夹持机构；12——夹持器驱动气缸；14——齿条；15——固接小车齿轮；16，17——齿轮；18——固定齿轮；19——位置传感器传动装置的齿轮

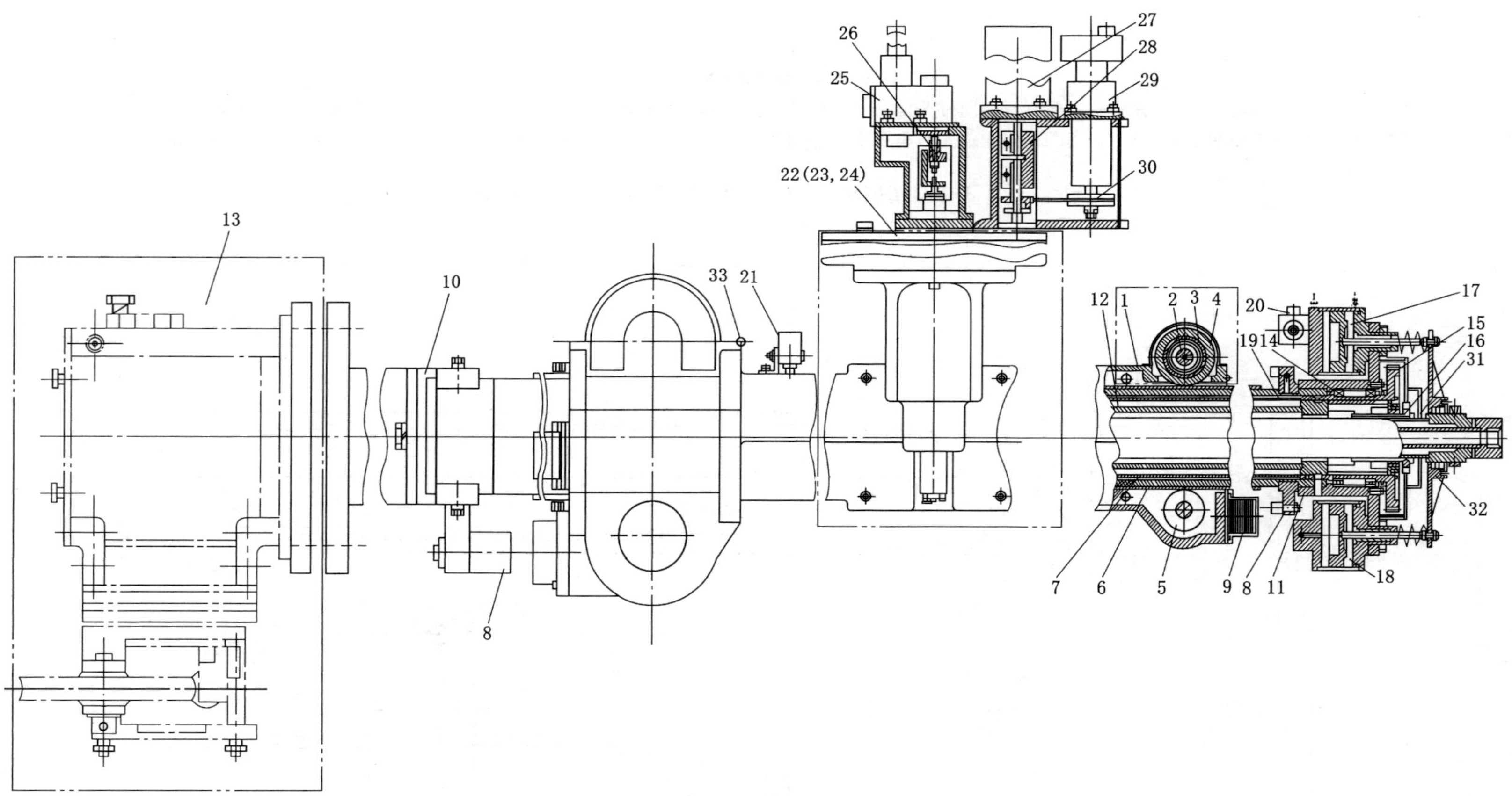

图 5-20　GR型热冲压用机器人手臂结构

1——机体；2——承载轴；3——承载轴承；4——滚轮；5——辊轴；6——矩形截面手臂；7——导轨；8——挡块；9——弹簧缓冲器；10——前套筒；11——后套筒；12——空心轴（中心轴）；13——手腕；14——后轴承；15——齿轮；16——锥形挡块；17, 18——夹持器的压紧用气缸；19——气缸轴套；20——滑阀；21——行程开关；22——直线移动机构；23——输出齿轮；24——齿条；25——传感器；26, 28——联轴器；29——电动机；29——测速发电机；30——齿形带；31——拉杆；32——杠杆；33——专用凸轮此外，在手臂的前、后端分别固接着前、后套筒。在前套筒中，滚针轴承内安装着空心轴，在空心轴上固定着手腕。在后套筒中，后轴承上装着齿轮，该齿轮靠渐开线花键与空心轴相连。空心轴内部可以安放冷却装置。

在后套筒上，沿后套筒的直径方向固定着上、下两个气缸，这两个气缸用于夹持器的压紧。在上气缸的端部安装着滑阀，该滑阀用以控制这些气缸的工作。在空心轴的套环上，靠法兰固定着带有夹持器的手腕，手腕通过拉杆与上、下气缸连接，即用拉杆与活塞上的杠杆相连。

在空心轴的轴颈上套着气缸轴套，该气缸轴套用来分离、冷却手臂及手腕的逆向液体流。

在手臂承载系统的机体上固定着直线移动机构，直线移动机构的输出齿轮与固接在手臂上的齿条相啮合。此时直线移动机构用于控制手臂沿垂直方向的位移。在直线移动机构的壳体上装着传感器及驱动装置，该驱动装置的输入轴用联轴器与直线移动机构的输出轴相连。在直线移动机构的壳体上还装着电动机，该电动机通过联轴器与直线移动机构的输入轴相连，并通过齿形带与测速发电机相连。

5.5　手腕机构设计

手腕是用于支承和调整末端执行器姿态的部件，主要用来确定和改变末端执行器的方位和扩大手臂的动作范围，一般有 2～3 个回转自由度用以调整末端执行器的姿态。当然，有些专用机器人可以没有手腕而直接将末端执行器安装在手臂的端部。

手腕机构的设计要求包括以下几个部分：

① 手腕要与末端执行器相连。对此，应有标准连接法兰，结构上要便于装卸末端执行器。由于手腕部安装在手臂的末端，在设计手腕时，应力求减少其重量和体积，结构紧凑。为了减轻手腕部的重量，腕部机构的驱动器采用分离传动。腕部驱动器一般安装在手臂上，而不采用直接驱动，并选用高强度的铝合金制造。

② 要设有可靠的传动间隙调整机构，以减小空回间隙，提高传动精度。

③ 手腕各关节轴转动要有限位开关，并设置硬限位，以防止超限造成机械损坏。

④ 手腕机构要有足够的强度和刚度，以保证力与运动的传递。

⑤ 手腕的自由度数应根据实际作业要求来确定。手腕自由度数目越多，各关节的运动角度越大，则手腕部的灵活性越高，对作业的适应能力也越强。但是，自由度的增加必然会使腕部结构更复杂，手腕的控制更困难，成本也会增加。在满足作业要求的前提下，应使自由度数尽可能少。要具体问题具体分析，考虑机械手的多种布局及运动方案，使用满足要求的最简单的方案。

5.5.1　手腕机构设计流程

手腕机构设计流程的内容包括运动性能、力学特性、机械结构、精度要求、详细设计、验证与修改等。在此仅以 GR 型热冲压用机器人手腕机构为例进行探讨。

（1）方案制订

手腕在操作机的末端并与手臂配合运动，实现安装在手腕上的末端执行器的空间运动轨迹与运动姿态，完成所需要的作业动作。

制订手腕机构的方案时，应明确手腕机构在机器人整机中的作用及位置。由于手腕安装在手臂的末端，在减轻手臂载荷的同时应力求手腕部件的结构紧凑，减少重量和体积。

为了满足机器人手腕机构的要求，GR 型热冲压用机器人手腕旋转是由电动机驱动的；夹持器采用气动。

考虑到热冲压用机器人的工作特性，应设置冷却装置。如手腕的机体内部设计有冷却液循环内腔，靠近手腕部分设计有水套冷却等。

(2) 运动性能及参数

GR 型热冲压用机器人手腕机构的运动性能及参数要求见表 5-13。

表 5-13　　手腕机构运动性能与参数(GR 型)

运动性能	数值
位移范围：	
手腕伸出/mm	1 500
手腕相对纵轴(Z 轴)转动/(°)	90
运动关联性能 1：	
手臂在水平面转动/(°)	340
手臂提升/mm	800
位移速度：	
手腕伸出/(m/s)	1.5
手腕活动/[(°)/s]	90
运动关联性能 2：	
手臂转动/[(°)/s]	150
手臂提升/(m/s)	0.6

通过绘制 GR 型热冲压用机器人手腕机构的传动链或运动原理简图，可保证机器人的手腕和末端操作器能以正确的姿态抓取工件。

(3) 力学特性

针对 GR 型热冲压机器人手腕机构的设计对象，制定满足其结构的力学特性与参数，其参数见表 5-14。

表 5-14　　手腕机构力学特性与参数(GR 型)

力学性能	数值
机器人承载能力/kg	40
夹持力/N	6 000
手臂伸缩机结构电动机功率/kW	2.2
直线移动机构电动机功率/kW	2.2
力学关联性能	—

为了保证手腕与手臂的同轴性，将手腕固定在手臂的空心轴上，但这样会削弱手腕、手臂的刚度，为此应进行刚度的验算。

对手腕机构的关键零部件应进行强度、刚度、稳定性等计算。

(4) 零部件建模与设计

在满足运动性能计算、力学特性分析的前提下进行 GR 型热冲压用机器人手腕机构的零部件建模与设计。机械结构特殊要求见表 5-15。

表 5-15　手腕机构机械结构特殊要求（GR 型）

机械结构特性	数值
机器人质量（数控装置除外）/kg	1 200
机械结构关联性能	—

该设计应包括手腕关键零件及专用零部件的详细设计、优化设计等。

(5) 精度要求

在手腕机构的零部件结构设计时，必须考虑选用件的匹配及零部件间的配合，也包括传动误差分析，以满足精度要求，其精度要求见表 5-16。

表 5-16　手腕机构精度要求（GR 型）

定位误差	数值
最大定位误差/mm	±2

(6) 详细设计、验证与修改

在上述基础上进行手腕机构及全部零部件的详细设计，验证手腕机构的运动性能、力学特性及精度要求，修改零件的机械结构，直至满足各项技术要求。

5.5.2　手腕机构原理

手腕机构的自由度越多，各关节的运动范围越大，动作灵活性也越高，但这样的运动机构会使手腕结构复杂。对此，手腕部件设计时应尽可能减少自由度，而增加手腕结构的多样化。

手腕机构有多种形式，不同的运动方式其机构也因此不同，可以按照所要完成的工艺任务进行更换。

GR 型热冲压用机器人手腕机构采用了手臂纵轴与转动轴相重合的方式，这样，手腕与手臂可以配合运动。如手臂运动到空间范围内的任意一点后，要改变手部的姿态（方位），则可以通过腕部的自由度来实现。

GR 型热冲压用机器人手腕机构的结构形式（A）如图 5-21 所示，该手腕通过法兰与手臂连接，手腕固定在手臂前法兰的机体上。

手腕结构形式（A）中，手腕的旋转是由电动机驱动的，该电动机把动力传递到减速器输出轴上并通过齿轮传动与手臂空心轴相连，手腕固定在手臂空心轴上。

该机构中的推杆用来推动其中的滑架做上、下移动，并使得齿轮带动夹持器的壳体进行旋转运动，即绕着轴 $Z—Z$ 旋转运动，由此实现相对垂直轴的转动。

另一种手腕机构如图 5-22 所示，即 GR 型热冲压用机器人手腕机构的结构形式（B）。

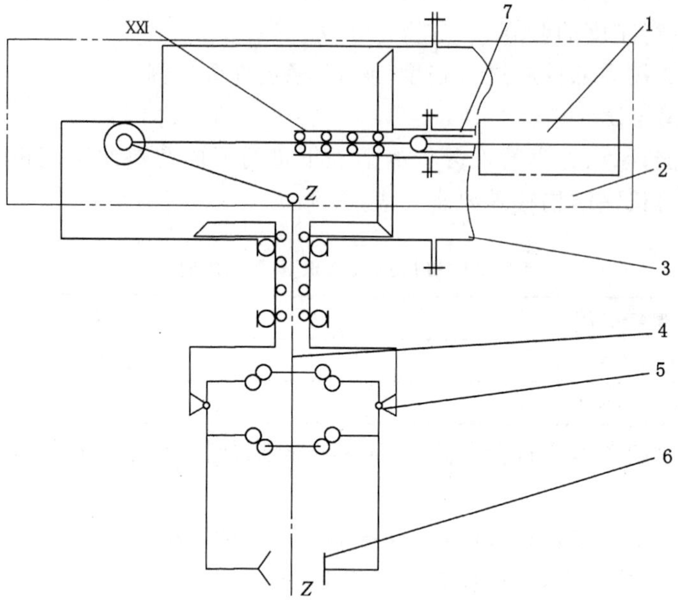

图 5-21　GR 型热冲压用机器人手腕机构的结构形式(A)

1——电动机；2——手臂机构；3——手臂前法兰上的机体；4——推杆；5——滑架；6——夹持器；7——减速器输出轴；XXI——手臂空心轴

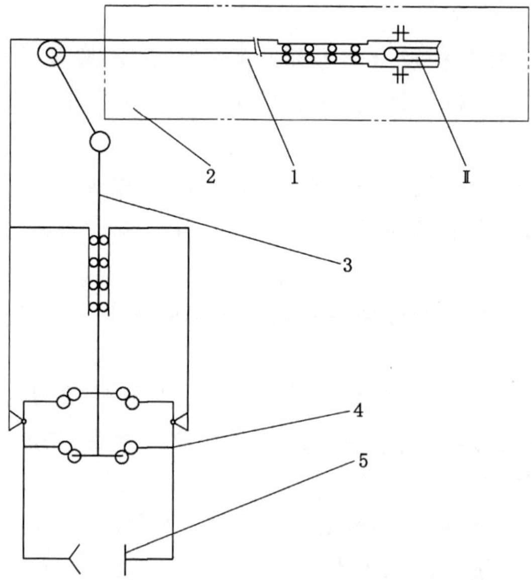

图 5-22　GR 型热冲压用机器人手腕机构的结构形式(B)

1——推杆(带有齿条)；2——手臂机构；3——轴；4——夹紧机构；5——夹持器钳口；Ⅱ——转动轴

在图 5-22 所示的结构形式(B)中，手臂的纵轴与转动轴轴向重合。手臂机构中，推杆及齿条的作用迫使手臂的运动传递到手腕机构中的轴上。另外，夹持器钳口与夹紧机构固连，夹紧机构上的齿条与推杆的齿条啮合，以实现对手腕的控制。

5.5.3　手腕机构结构

手腕结构设计时注意解决的问题：

① 手腕处于手臂末端，需减轻部件的载荷。腕部机构的驱动装置采用分离传动，将驱动器安置在臂的后端。

② 提高手腕动作的精确性。分离传动采用传动轴，尽量减少机械传动系统中由于间隙产生的反转误差，提高传动刚度。

③ 自由度的实现。

手腕与手臂关联密切。手臂运动给出了机械手末端执行器在其工作空间中的运动位置，而安装在手臂末端的手腕则给出了机械手末端执行器在其工作空间中的运动姿态。上述两种带夹持器的手腕结构，均是通过固定法兰与手臂机构相连接，手腕运动的输入中心轴线与手臂的纵向轴线重合，两种结构均可以用于 GR 型热冲压用机器人。

(1) 带夹持器手腕的结构形式(A)(图 5-23)

该手腕机构由机体、支撑板、纵向推杆、拉杆、滚轮、搭板、垂直推杆、带滚轮的滑架、滚轮、杆件、轴、钳口、垂直推杆齿轮、夹持器及柱销等组成。

该手腕机构的结构特点是可以实现相对于轴Ⅰ的转动。手臂机构的前支架刚性连接着主动齿轮，主动齿轮与垂直推杆齿轮相啮合，此时垂直推杆齿轮可以带动夹持器的壳体旋转。

该机构中存在两个推杆，即纵向推杆和垂直推杆，它们分别是实现纵向运动和垂直运动的重要零件。

该结构中，机体和支撑板之间组成了纵向槽，在所组成的纵向槽中有可移动的纵向推杆，该纵向推杆通过螺纹固定在拉杆上。同时，在纵向推杆的中心轴上安装着支撑板及沿支撑板滚动的滚轮。纵向推杆的轴、垂直推杆的轴分别与搭板相互铰接在一起。当纵向推杆向右移动时，带动滑架及垂直推杆一起向下移动，该移动作用在滚轮上。滚轮的运动使得夹持器的杆件绕夹持器轴转动，此时钳口夹紧零件。当纵向推杆向左运动时，滑架将向上移动，而杠杆向反方向转动，此时钳口则松开零件。

夹紧力大小是由滚轮轴之间的夹角确定的，即夹角的大小依靠拉杆的轴向移动来调整。当滚轮轴之间角度一定时，则钳口夹紧力便可以确定。在夹持器的壳体中安装有柱销，该柱销推动夹持器夹紧机构的滑架进行工作。

(2) 带夹持器手腕的结构形式(B)(图 5-24)

该手腕机构由机体、纵向推杆、拉杆、夹持器杠杆、钳口、齿轮、齿条、水套、杠杆轴及导向滚轮等组成。

在带夹持器手腕的结构形式(B)中，转动轴Ⅱ与手臂的纵轴相重合。纵向推杆上连接有齿条，即纵向推杆齿条；夹持器杠杆的径向安装有两个齿条，即夹持器杠杆齿条，这两个夹持器杠杆齿条分别与夹持器的两个钳口连接。纵向推杆齿条与齿轮相啮合，该齿轮同样也与装在夹持器杠杆上的径向两个齿条相啮合，对此可以实现夹持器钳口的夹紧运动。

该手腕机构用于热加工时，为冷却在高温区域中工作的手腕，在机体中加工有通孔，通过该通孔形成冷却液循环内腔。手臂的前端依靠水套冷却，该水套内部做成双头螺旋式矩

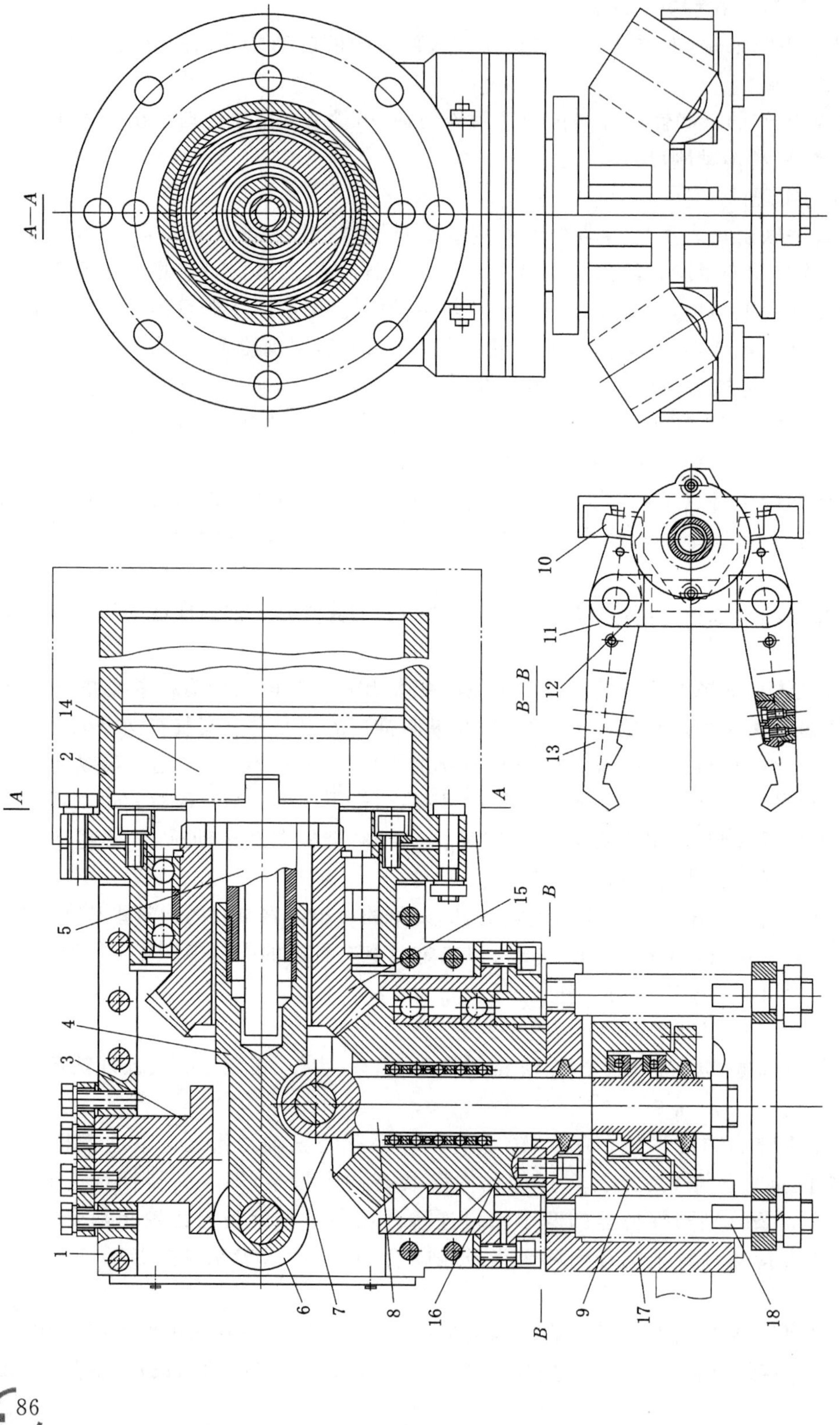

图 5-23　带夹持器手腕的结构形式（A）

1——机体；2——手臂；3——支撑板；4——纵向推杆；5——拉杆；6，10——滚轮；7——搭板；8——垂直推杆；9——滑架；11——杆件；12——夹持器轴；13——钳口；14——手臂机构的前支架；15——主动齿轮；16——垂直推杆齿轮；17——夹持器；18——柱销

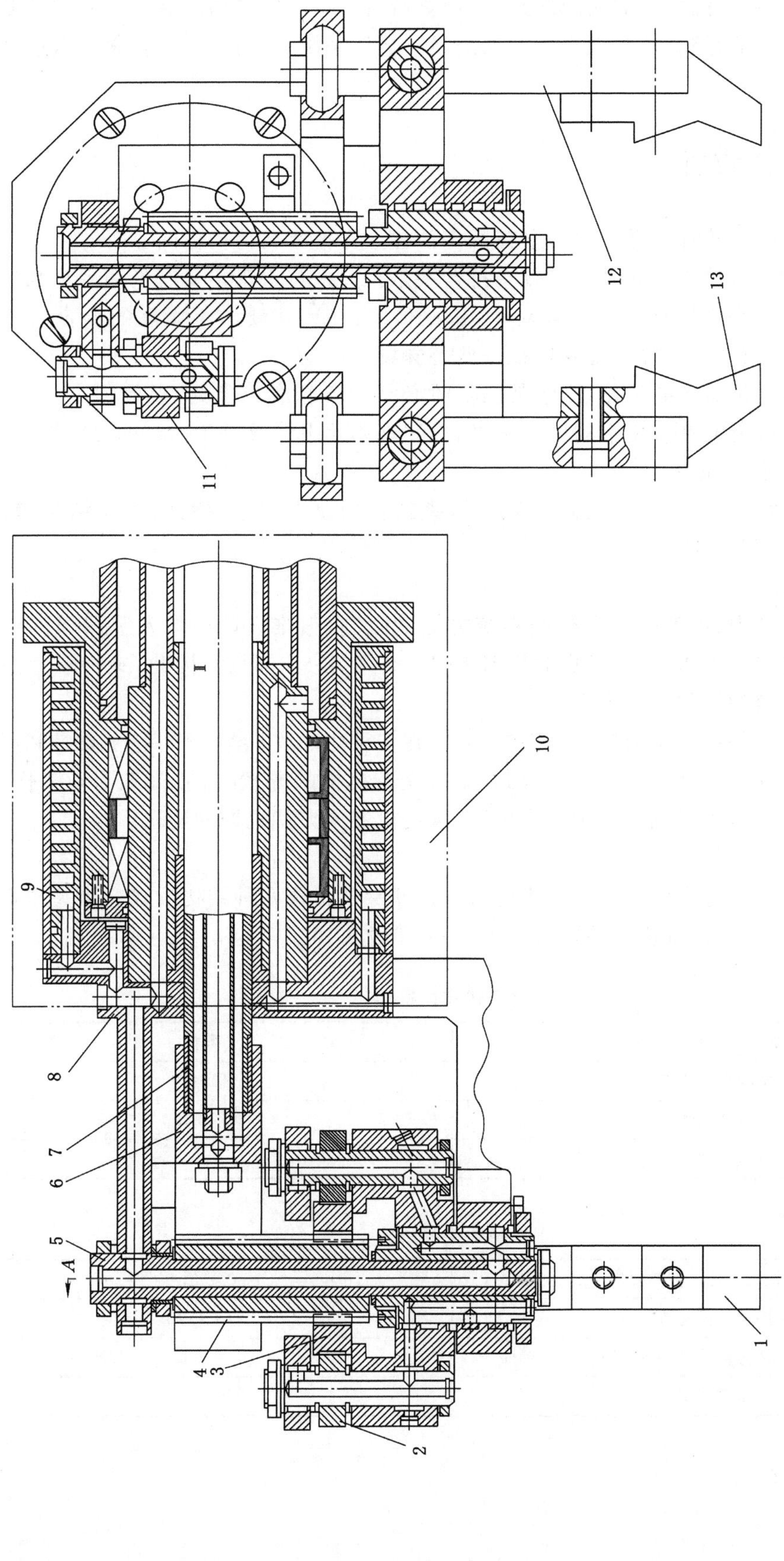

图 5-24　带夹持器手腕的结构形式（B）

1——钳口；2——导向滚轮；3——夹持器杠杆齿条；4——齿轮；5——轴；6——纵向推杆；
7——拉杆；8——机体；9——水套；10——手臂；12——夹持器杠杆；13——杠杆轴

形槽，水可以沿着一个螺旋槽进入冷却水套，而再沿着另一个螺旋槽向后并且回到手臂的内腔中。为了让夹持器得到冷却，在推杆及轴的设计上均采用了有孔的结构，水可以通过孔进入杠杆轴和导向滚轮的内腔。

5.6 夹持机构设计

工业机器人夹持装置是操作时用来在固定位置上定位和夹持物体的。

夹持机构的执行部位为夹紧钳口或夹持器手爪。夹持器手爪主要有电动手爪和气动手爪两种形式。气动手爪相对来说比较简单，价格便宜，在一些要求不太高的场合用得比较多。电动手爪造价相对比较高，主要用在一些特殊场合。

为了完成装配机器人的工作，当组装操作时必须装备相应带工具、夹具的夹持装置，才能保证所组装零件能够具有要求的位置精度，以实现单元组装及钳工操作的可能性。

5.6.1 夹持机构设计流程

夹持机构设计流程的内容包括方案制订、夹持机构要求、力学特性、机械结构、精度要求、详细设计、验证与修改等。

(1) 方案制订

夹持装置设计中，由于机构和控制系统方面的限制，很难设计出像人手那样的夹持装置，同时，由于对多数工作现场来说，对机器人的工作要求是有限的，因此，夹持装置的设计主要应该针对一定的工作对象来进行。

机械夹持装置是目前应用最广的夹持形式，在多种生产线机器人中，它主要是利用开闭的机械机构以实现特定物体的抓取。因此，制订夹持机构的方案时，应首先明确工作对象，了解夹持机构在机器人整机中的作用及位置，满足机器人夹持机构的要求。

(2) 夹持机构要求

夹持机构可以设计成可换式夹持机构及快换式夹持机构两种结构形式。当夹持机构用以夹持轴类零件时，其夹持机构的要求见表 5-17 和表 5-18。

表 5-17　可换式夹持机构

可换式夹持机构的要求	数值
夹持轴直径范围/mm	40～90
夹持轴长度/mm	约 250
夹持轴质量/kg	—

表 5-18　快换式夹持机构

可换式夹持机构的要求	数值
夹持轴直径范围/mm	40～100
夹持轴长度/mm	约 500
夹持轴质量/kg	—

(3) 力学特性

夹持机构的力学特性通常与执行机构有关：① 执行机构具有与夹持器位置无关的固定的作用力传递系数；② 执行机构具有与夹持器位置有关的变作用力传递系数，具有变传递关系的执行机构有可能达到较大夹紧力，但一般最大的作用力只能在移动范围较小的情况下达到。

与此相关，为保证在较大尺寸范围内可靠地夹持物体，必须在夹持装置中采用带固定传动比的机构，如齿轮齿条机构、螺旋传动、某些杠杆机构等。或考虑重新调整采用变传动比的执行机构，如杠杆类。

针对夹持机构制定满足其结构的力学特性与参数见表 5-19。

表 5-19　　夹持机构力学特性与参数

力学性能	数值
夹持力/kN	5 000
力学关联性能	—

对夹持机构的关键零部件应进行强度、刚度、稳定性等计算。

(4) 零部件建模与设计

在满足夹持机构要求、力学特性的前提下进行夹持机构的专用零件建模与设计。机械结构特殊要求见表 5-20。

表 5-20　　夹持机构机械结构特殊要求

机械结构特性	数值
质量/kg	1 000
机械结构关联性能	—

该设计应包括专用零件的详细设计、优化设计等。

(5) 精度要求

在夹持机构的零部件结构设计时，必须考虑选用件的匹配及零部件间的配合，以满足精度要求，其精度要求见表 5-21。

表 5-21　　夹持机构精度要求

定位精度	数值
最大定位误差/mm	±2
安装稳定性/mm	—

(6) 详细设计、验证与修改

在上述基础上进行夹持机构及专用零件的详细设计，验证夹持机构的性能、力学特性及精度要求，修改零件的机械结构，直至满足各项技术要求。

5.6.2　夹持机构原理

夹持装置的结构是由动力源所决定，动力源将驱动装置的运动转变为夹持器工作元件所必需的位移。在夹持装置中，通过各种执行机构将驱动装置输出杆件的直线和回转运动以固定的比例转变为工作元件的直线移动或转动。

(1) 采用气动夹持器形式时，夹持器钳口的夹紧与松开是在空气进入手臂承载系统的气缸中产生的。气缸的活塞杆通过杠杆作用在拉杆上，带动有滚轮的推杆，它同样也移动夹持器杠杆的滚子，在拉杆向后行程中产生夹紧，而在向前行程中松开钳口。

(2) 对于夹持器的分类，从工艺观点来看，最重要的是按照操作对象的定位特性来分类，可以分为定位式夹持装置和定心式夹持装置两大类。

① 当向夹具、储料装置或机床工作机构安装物体时，由定心式夹持装置来确定物体(毛坯、零件、工具等)的轴线位置或对称平面。在定心式夹持装置中用得最多的是机械式夹紧的夹持装置，它通常具有钳口、凸轮、V 形铁等形式的夹持器工作元件。另外，还有特殊结构的定心式夹持装置，即在空气压力作用下，其内腔可以变形的弹性筒式夹持装置。定心式夹持装置决定了被操作物体安装平面的位置。

② 定位式夹持装置则可以保持被操作物体在夹持瞬时的位置。若需要被操作物体重新定位，则夹持装置应能独立地控制每一工作元件的位移。此外，还有带传感器的夹持装置。带有传感器的多杆铰链手，具有能独立地控制每一工作元件的位移，并使操作物体重新定位的性能。但是，一般具有该性能的夹持装置，其结构及控制均较复杂。

5.6.3 夹持机构结构与分析

对于应用广泛的夹持装置来说，被夹持物体的结构可以是短旋转体(法兰类)、长旋转体(轴类)，也可以是棱形体(机壳类)等，按照被夹持物体的形状和外形尺寸的不同，其夹持装置对应有不同的结构。

在设计或选择工业机器人的夹持装置时，必须考虑以下问题：

① 工业机器人所服务的基本和辅助工艺装备的类型和结构(如机床、储料或输送装置等)。

② 操作物体的特征。

③ 工业机器人自身结构和形式。

④ 机器人技术综合装置所完成的工艺过程特点。

以下针对不同类型的夹持器分别予以介绍。

(1) 轴类零件夹持器

轴类零件夹持器应用广泛，在某些领域可以视为通用机构。

图 5-25 和图 5-26 分别给出了用于直径变化范围较大的光轴及阶梯轴类零件单定位夹持器的结构形式。

这两种结构形式的共同特点是：无论被夹持工件的轴向尺寸多大，均能保证工件的定心而与被夹持工件直径无关。该结构是依靠夹持器钳口轮廓来达到较高的安装稳定性。其两个夹持杠杆与对应的夹紧钳口做成一体，自由地装在对应的轴上。在夹持杠杆上做出扇形齿，该扇形齿与齿条成对地啮合；同时，该齿条与铰链杠杆相连，以形成铰链平行四边形。这样，铰链平行四边形能够保证每一对夹紧杠杆的独立工作，而且它也是保证夹持阶梯轴定心所必需的。拉杆和套筒中的槽连接处、夹持器尾柄与手腕主轴的头部扣榫接头处均可以做成标准化的，标准化后便可以设计成可换式、快换式两种结构形式。

图 5-25 所示的结构为其中一种可换式夹持装置，包括夹持杠杆、轴、齿条、铰链杠杆、拉

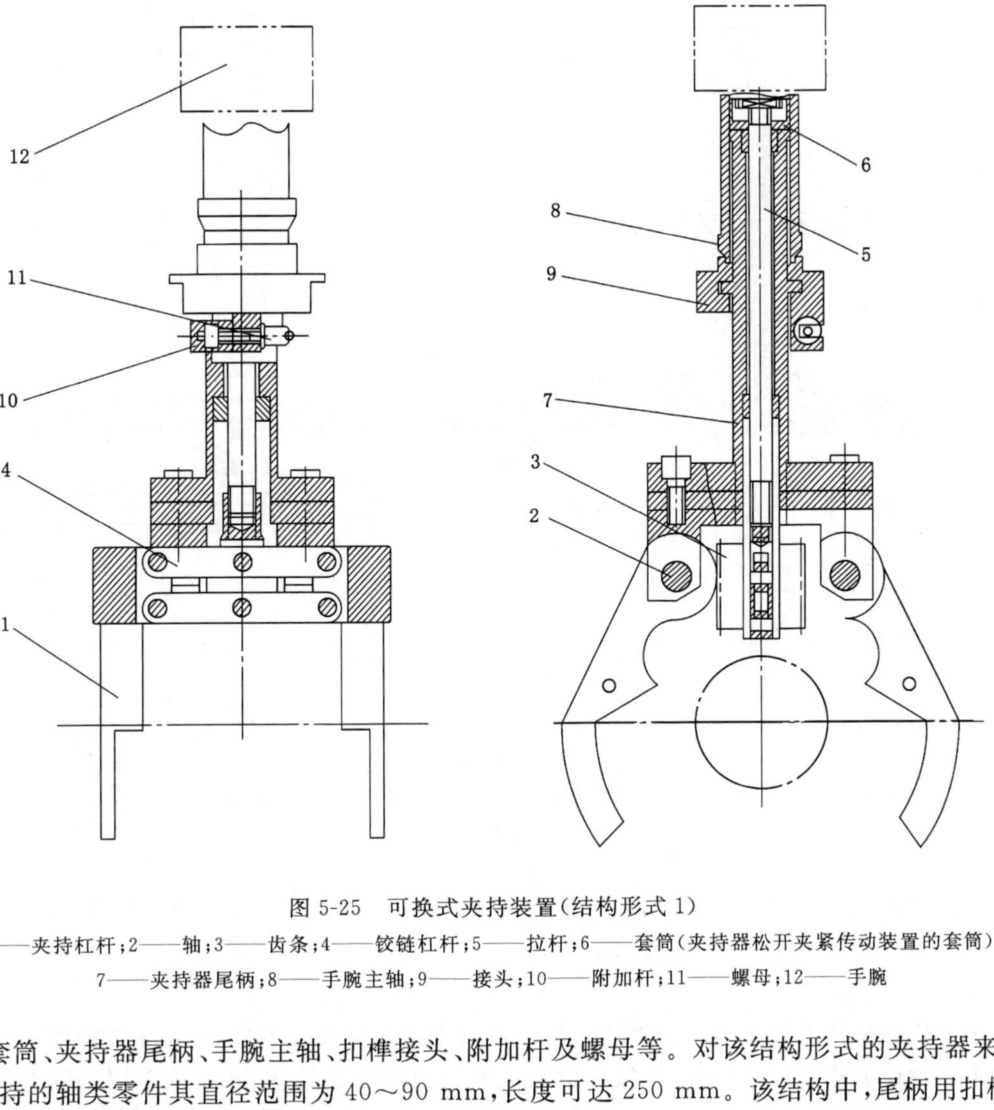

图 5-25　可换式夹持装置(结构形式 1)

1——夹持杠杆;2——轴;3——齿条;4——铰链杠杆;5——拉杆;6——套筒(夹持器松开夹紧传动装置的套筒);7——夹持器尾柄;8——手腕主轴;9——接头;10——附加杆;11——螺母;12——手腕

杆、套筒、夹持器尾柄、手腕主轴、扣榫接头、附加杆及螺母等。对该结构形式的夹持器来说,被夹持的轴类零件其直径范围为 40～90 mm,长度可达 250 mm。该结构中,尾柄用扣榫接头、带螺纹的附加杆和螺母固定在手腕主轴上。

还有其他种类的可换式夹持装置,如某可换式夹持装置是依靠法兰固定在手腕上的,该法兰带有中心孔,法兰圈周围有紧固螺纹孔。这种夹持装置的位置固定,是最简单、最通用的形式之一。

图 5-26 所示的结构形式为快换式夹持装置,包括夹持杠杆、轴、齿条、铰链杠杆、拉杆、套筒、夹持器尾柄、手腕主轴、扣榫接头及定位销等。对该结构形式的夹持器来说,被夹持的轴类零件其直径范围 40～100 mm,长度可达 500 mm。

在快换式夹持装置中有一扣榫接头,可用在自动可换式夹持器中。安装时尾柄和同时放松的定位销都进入槽中。当夹持器转过 90°时,在弹簧作用下,定位销可以进入法兰的孔中,完成夹持器的快换。

(2) 其他机械夹持器

夹持器还有多种类型,如带杠杆型接触传感器的夹持器机构、双位置对心式夹持装置、

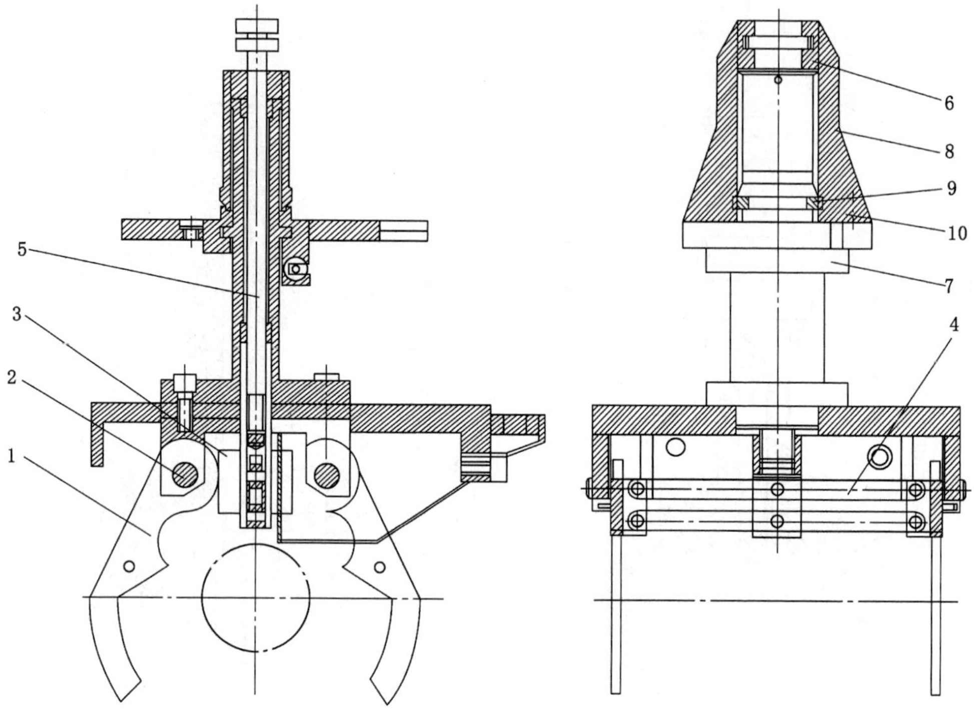

图 5-26　可换式夹持装置(结构形式 2)

1——夹持杠杆;2——轴;3——齿条;4——铰链杠杆;5——拉杆;6——套筒(夹持器的松开夹紧传动装置的套筒);7——夹持器尾柄;8——手腕主轴;9——扣榫接头;10——定位销

带法兰类零件气压传动夹持器装置、重轴类零件液压驱动夹持器、大直径法兰类零件的液压驱动双位置夹持装置、其他专用夹持机构等。

(3) 特殊夹持器

由于机械夹持器的重量、体积较大,给使用带来了局限性。另外,在要求能操作大型、易碎或柔软物体的作业中,刚性的机械夹持器是无法抓取对象的,对此可以采用特殊夹持器。特殊夹持器对于特定对象来说,虽然能保证完成其规定的作业,但能适应的作业种类是有限的。因此,根据不同作业要求,应准备若干个特殊夹持器,将它们替换安装使用。

根据夹持器的工作原理不同,常见的特殊夹持器有三种:气吸式、磁吸式和喷射式。气吸式按形成真空或负压的方法不同,又可将其分为真空吸盘式、气流负压吸盘式和挤气负压吸盘式。

在这几种方式中,真空式吸盘吸附可靠、吸力大、机构简单、价格便宜,应用最为广泛。如在电视机生产线上,电视机半成品在制造和装配过程中的搬运和位置调整,主要采用真空吸盘式。工作过程中,吸盘靠近电视机屏幕,真空发生器工作,使吸盘吸紧屏幕,以实现半成品电视机的抓取和搬运。

磁吸式夹持器主要是利用电磁吸盘来完成工件的抓取,通过电磁线圈中电流的通断来完成吸附操作。其优点在于不需要真空源;但它有电磁线圈所特有的一些缺点,如仅能适用于磁性材料,吸附完成后有残余磁性等,这使得其使用受到一定限制。

喷射式夹持器主要用于一些特殊的使用场合，目前在机械制造业、汽车工业等行业中已使用的喷漆机器人、焊接机器人等，其夹持器均采用喷射式。

在常见的搬运、码垛等作业中，特殊夹持器与机械夹持器相比，结构简单、重量轻，手部具有较好的柔顺性，但其对于抓取物体的表面状况和材料有较高的要求，使用寿命也有一定局限。

第6章 工业机器人控制系统

工业机器人的控制系统类似于人的大脑，是工业机器人的指挥系统，它控制驱动系统使执行机构按照要求工作，因此，控制系统的性能直接影响机器人的整体性能。

6.1 工业机器人控制系统概述

6.1.1 工业机器人控制系统特点

工业机器人的控制技术与传统的自动机械控制相比，没有根本的不同之处。然而，工业机器人控制系统一般是以机器人的单轴或多轴运动协调为目的的控制系统。其控制结构要比一般自动机械的控制复杂得多，与一般的伺服系统或过程控制系统相比，工业机器人控制系统有如下特点：

(1) 传统的自动机械是以自身的动作为重点，而工业机器人的控制系统更着重本体与操作对象的相互关系。无论以多么高的精度控制手臂，若不能夹持并操作物体到达目的位置，作为工业机器人来说，那就失去了意义，这种相互关系是首要的。

(2) 工业机器人的控制与机构运动学及动力学密切相关。根据给定的任务，经常要求解运动学正问题和逆问题，因此，往往要根据需要，选择不同的基准坐标系，并做适当的坐标变换。而且还因工业机器人各关节之间惯性力、哥氏力的耦合作用以及重力负载的影响使问题复杂化，所以使工业机器人控制问题也变得复杂。

(3) 即使一个简单的工业机器人也至少有3～5个自由度。每个自由度一般包含一个伺服机构，多个独立的伺服系统必须有机地协调起来，组成一个多变量的控制系统。所以，工业机器人的控制，一般是一个计算机控制系统，计算机软件担负着艰巨的任务。

(4) 描述工业机器人状态和运动的数学模型是一个非线性模型，随着状态的变化，其参数也在变化，各变量之间还存在耦合。因此，仅仅是位置闭环是不够的，还要利用速度甚至加速度闭环。系统中还经常采用一些控制策略，如使用重力补偿、前馈、解耦、基于传感信息的控制和最优PID控制等。

(5) 工业机器人还有一种特有的控制方式——示教再现控制方式。当要工业机器人完成某作业时，可预先移动工业机器人的手臂，来示教该作业顺序、位置以及其他信息，在执行时，依靠工业机器人的动作再现功能，可重复进行该作业。

总而言之，工业机器人控制系统是一个与运动学和动力学原理密切相关的、有耦合的、非线性的多变量控制系统。随着实际工作情况的不同，可以采用各种不同的控制方式，从简单的编程自动化、微处理机控制到小型计算机控制等。

6.1.2 工业机器人控制方式

工业机器人控制结构的选择，是由工业机器人所执行的任务所决定的，对不同类型的机器人已经发展了不同的控制综合方法，从来没有人企图用统一的控制模式对不同类型的机器人进行控制。工业机器人控制的分类没有统一的标准，如按运动坐标控制的方式来分，有关节空间运动控制、直角坐标空间运动控制；按控制系统对工作环境变化的适应程度来分，有程序控制系统、适应性控制系统、人工智能控制系统；按同时控制机器人数目的多少来分，可分为单控系统、群控系统。除此以外，通常还按运动控制方式的不同，将机器人控制分为位置控制、速度控制、力控制(包括位置、力混合控制)三类。下面按后一种分类方法，对工业机器人的控制方式做具体分析。

(1) 位置控制方式

工业机器人位置控制又分为点位控制和连续轨迹控制两类。

① 点位控制

这类控制的特点是仅控制离散点上工业机器人手爪或工具的位姿，要求尽快而无超调地实现相邻点之间的运动，但对相邻点之间的运动轨迹一般不做具体规定。点位控制的主要技术指标是定位精度和完成运动所需的时间。例如，在印刷电路上安插元件、点焊、搬运和上下料等工作，都采用点位控制方式。

② 连续轨迹控制

这类运动控制的特点是连续控制工业机器人手爪(或工具)的位姿轨迹。一般要求速度可控、轨迹光滑且运动平稳。轨迹控制的技术指标是轨迹精度和平稳性。例如，在弧焊、喷漆、切割等场所的工业机器人控制均属于这一类。

(2) 力矩控制方式

在进行装配或抓取物体等作业时，工业机器人末端操作器与环境或作业对象的表面接触，除了要求准确定位之外，还要求使用适度的力或力矩进行工作，这时就要采取力(力矩)控制方式。力矩控制是对位置控制的补充，这种方式的控制原理与位置伺服控制原理也基本相同，只不过输入量和反馈量不是位置信号而是力矩信号，因此，系统中有力矩传感器。有时也利用接近触觉等功能进行适应式控制。

(3) 速度控制方式

对工业机器人的运动控制来说，在位置控制的同时，有时还要进行速度控制。例如，在连续轨迹控制方式的情况下，工业机器人按预定的指令，控制运动部件的速度和实行加、减速，以满足运动平稳、定位准确的要求。为了实现这一要求，机器人的行程要遵循一定的速度变化曲线。由于工业机器人是一种工作情况(行程负载) 多变、惯性负载大的运动机械，要处理好快速与平稳的矛盾，必须控制启动加速和停止前的减速这两个过渡运动区段。

6.2　工业机器人位置控制

工业机器人位置控制的目的，就是要使机器人各关节实现预先所规划的运动，最终保证工业机器人终端(手爪)沿预定的轨迹运行。

实际中的工业机器人，大多为串接的连杆结构，其动态特性具有高度的非线性。但在其控制系统的设计中，往往把机器人的每个关节当成一个独立的伺服机构来处理。伺服系统一般在关节坐标空间中指定参考输入，采用基于关节坐标的控制。

在我们讨论的工业机器人模型中，通常每个关节均装有位置传感器，用以测量关节位移；有时还用速度传感器(如测速发电机）检测关节速度。虽然关节的驱动和传动方式多种多样，但作为模型，总可以认为每一个关节是由一个驱动器单独驱动的。工业机器人很少采用步进电动机等开环控制方式，应用中的工业机器人几乎总是采用反馈控制，利用各关节传感器得到的反馈信息计算所需的力矩，发出相应的力矩指令，以实现要求的运动。

位置控制器的作用是:利用电动机组成的伺服系统使关节的实际角位移跟踪期望的角位移。把伺服误差作为电动机的输入信号,产生适当的电压,构成闭环系统,即：

$$U_a(t)=\frac{k_p e(t)}{n}=\frac{k_p[\theta_L^d(t)-\theta_L(t)]}{n} \tag{6-1}$$

式中,k_p 是位置反馈增益;$e(t)=\theta_L^d(t)-\theta_L(t)$是系统误差;$n$ 是传动比。

这样一来,就由“单位负反馈”把单关节机器人控制从开环系统转变为闭环系统,关节角度可用光电编码盘或电位器测出它的实际值。

对式(6-1)进行拉普拉斯变换：

$$U_a(s)=\frac{k_p[\Theta_L^d(s)+\Theta_L(s)]}{n}=\frac{k_p E(s)}{n} \tag{6-2}$$

根据式(6-1)和式(6-2),我们可以得出误差驱动信号[$E(s)$]与实际位移[$\Theta_L(s)$]之间的开环传递函数(图 6-1)：

$$G(s)=\frac{\Theta_L(s)}{E(s)}=\frac{k_a k_p}{s[sR_a J_{eff}+R_a f_{eff}+k_a k_b]} \tag{6-3}$$

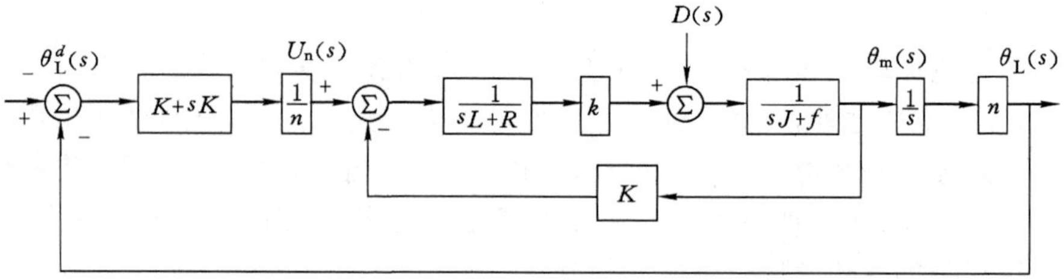

图 6-1 工业机器人带干扰的反馈控制框图

由此可以得出系统的闭环传递函数,它表示实际角位移 $\Theta_L(s)$与期望角位移 $\Theta_L^d(s)$之间的关系：

$$\frac{\Theta_L(s)}{\Theta_L^d(s)}=\frac{G(s)}{1+G(s)}=\frac{k_a k_p}{s^2 R_a J_{eff}+s(R_a f_{eff}+k_a k_b)+k_a k_p}$$

$$=\frac{k_a k_p/R_a J_{eff}}{s^2+s(R_a f_{eff}+k_{ak} k_b)/(R_a J_{eff})+k_a k_p/(R_a J_{eff})} \tag{6-4}$$

上式表明单关节机器人的比例控制器是个二阶系统。当系统参数均为正时,总是稳定的。为了改善系统的动态性能,减少静态误差,可以加大位置反馈增益 k_p 和增加阻尼,再引入位置误差的导数(角速度误差)作为反馈信号。关节角速度常用测速发电机测定,也可以用两次采样周期内的位移数据来近似表示。加上位置反馈和速度反馈之后,关节电动机上所加的电压与位置误差及其导数成正比,即：

$$U_a(t)=\frac{k_p e(t)+k_v e(t)}{n}=\frac{k_p[\theta_L^d(t)-\theta_L(t)]+k_v[\dot{\theta}_L^d(t)-\dot{\theta}_L(t)]}{n} \tag{6-5}$$

式中，k_v 是速度反馈增益；n 是传动比。

对式(6-5)进行拉普拉斯变换，再把 $U_a(s)$ 代入式(6-4)中，就得到误差驱动信号 $E(s)$ 与实际位移之间的传递函数：

$$G_{PD}(s)=\frac{\Theta_L(s)}{E(s)}=\frac{k_a(k_p+sk_v)}{s(sR_aJ_{eff}+R_aJ_{eff}+k_ak_b)}=\frac{k_ak_vs+k_ak_p}{s(sR_aJ_{eff}+R_af_{eff}+k_ak_b)} \quad (6-6)$$

由此可以得出表示实际角位移 $\Theta_L(s)$ 与 $\Theta_L^d(s)$ 预期角位移之间的闭环传递函数：

$$\frac{\Theta_L(s)}{\Theta_L^d(s)}=\frac{G_{PD}(s)}{1+G_{PD}(s)}=\frac{k_ak_vs+k_ak_p}{s^2R_aJ_{eff}+s(R_af_{eff}+k_ak_b+k_ak_v)+k_ak_p} \quad (6-7)$$

显然，当 $k_v=0$ 时，上式就简化为式(6-4)。

式(6-7)所代表的是个二阶系统，它具有一个有限零点 $s=-k_p/k_v$，位于 s 平面的左半平面。系统可能有大的超调量和较长的稳定时间，随零点的位置而定。另外，表示操作臂控制系统还要受到扰动 $D(s)$ 的影响。这些扰动是由重力负载和连杆的离心力等引起的。由于这些扰动，电动机轴的输出力矩的一部分将用于克服各种扰动力矩：

$$T(s)=[s^2J_{eff}+sf_{eff}]\Theta_m(s)+D(s) \quad (6-8)$$

式中，$D(s)$ 是扰动的拉普拉斯变换。而扰动输入与实际关节角位移的传递函数为：

$$\left.\frac{\Theta_L(s)}{D(s)}\right|_{\Theta_L^d=0}=\frac{-nR_a}{s^2R_aJ_{eff}+s(R_af_{eff}+k_ak_b+k_ak_v)+k_ak_p} \quad (6-9)$$

根据式(6-7)和式(6-9)，运用叠加原理，从两种输入可以得到关节的实际位移如下：

$$\Theta_L(s)=\frac{k_a(k_p+sk_v)\Theta_L^d(s)-nR_aD(s)}{s^2R_aJ_{eff}+s(R_af_{eff}+k_ak_b+k_ak_v)+k_ak_p} \quad (6-10)$$

利用上式可以得出系统误差 $e(t)=\theta_L^d(t)-\theta_L(t)$ 的拉氏变换 $E(s)$。根据“终值定理”导出系统在阶跃干扰输入作用下的稳态误差 e_{ssp} 和在斜坡函数作用下的稳态误差 e_{ssv}。为了补偿重力负载和离心力的影响，可以根据规划的轨迹，预先算出这些力矩值，进行“前馈补偿”。对此闭环系统而言，最重要的是系统的设计，以及确定系统的速度反馈和位置反馈增益。

6.3　工业机器人力矩控制

在喷漆、点焊、搬运时所使用的工业机器人，一般只要求其末端操作器(喷枪、焊枪、手爪等) 沿某一预定的路径运动，运动过程中末端操作器始终不与外界任何物体相接触，这时，我们只需对机器人进行位置控制就够了。

然而，在另一种场合，如装配、加工、抛光等作业中，工作过程中要求机器人手爪与作业对象接触，并保持一定的压力。此时，如果只对其实施位置控制，有可能由于机器人的位姿误差及作业对象放置不准，或者使手爪与作业对象脱离接触，或者使两者相碰撞而引起过大的接触力，其结果不是机器人手爪在空中晃动，就是造成机器人或作业对象的损伤。对于这类作业，要控制好手爪与作业对象之间的接触力。这样，即使是作业对象位置不准确，也能保持手爪与作业环境的正确接触。相应地，对机器人的控制，除了在一些自由度方向进行位置控制外，还需要在另一些自由度方向进行力控制。

由于力是在两物体相互作用后才产生的，因此力控制是首先将环境考虑在内的控制问题。为了对机器人进行力控制，需要分析机器人手爪与环境的约束状态，并根据约束条件制定控制策略。此外，还需要在机器人上安装力传感器，用来检测机器人与环境接触状态的变化信息。控制系统根据预先制定的控制策略对这些信息做出处理后，可以指挥机器人在不确定环境下进行与该环境相适应的操作，从而使机器人能胜任复杂的作业任务，这是机器人的一种智能化特征。

机器人具备了力控制功能，可以在一定程度上放宽它的精度指标，从而降低对整个机器人的体积、重量以及制造精度方面的要求。由于采用了相对检测的方法，所以机器人和作业对象之间的绝对位置误差不像单纯位置误差那样重要。由于机械手与物体相接触后，即使是中等硬度的物体，相对位置的微小变化都会产生很大的接触力，利用这些力进行控制会提高位置控制的精度。

6.3.1 力控制的柔顺性

按照传统机器人的概念，如果要保证机器人在自由空间操作时具有较高的位置控制精度，应该使机器人尽量具有较高的位置伺服刚度和机械结构刚度。但是，当机器人在某个接触环境上操作时，无疑希望它能具有很好的柔顺性，以产生任意需要的作用力。我们将机器人能够对环境顺从的能力称为柔顺。总的来说，机器人柔顺性可分为被动柔顺性和主动柔顺性两类。

(1) 被动柔顺性

机器人凭借一些辅助的柔性机构，使其操作机在与环境接触时能够对外部作用力产生自然的顺从。采用被动柔顺装置进行作业，存在以下问题：

① 无法根除智能机器高刚度与高柔顺性之间的矛盾。

② 被动柔顺装置的专用性强，适应能力差，使用范围受到限制；智能机器加上被动柔顺装置，本身并不具备控制能力，给智能机器控制带来了极大的困难，尤其在既需要控制作用力，又需要严格控制定位的场合中更为突出。

③ 无法使智能机器本身产生对力的反应动作，成功率较低等，这些都是被动柔顺方法的不足之处。

因此，为克服被动柔顺性存在的不足，主动柔顺控制应运而生，而且成为智能机器研究的一个主要方向。

(2) 主动柔顺性

机器人利用力的反馈信息采用一定的控制策略去主动控制作用力，称为主动柔顺。主动柔顺控制也就是力控制。

实现主动柔顺控制的方法主要有两类：一类为阻抗控制；另一类为力和位置混合控制。阻抗控制不是直接控制期望的力和位置，而是通过控制力和位置之间的动态关系来实现柔顺功能。

6.3.2 力控制系统的组成

力控制的最佳方案是以独立的形式同时控制力和位置，通常采用力-位混合控制。机器人实现力控制，需要有力传感器，大多情况下使用六维(三个力、三个力矩)力传感器。

(1) 以位移控制为基础

图 6-2 表示了以位移控制为基础的力控制系统框图。这一方案的特点是，在位置闭环之外再加上一个力闭环。图中 P、Q 分别为位置和广义力给定输入，力-位移变换的功能是

将力输出误差转换为对应的位移指令。

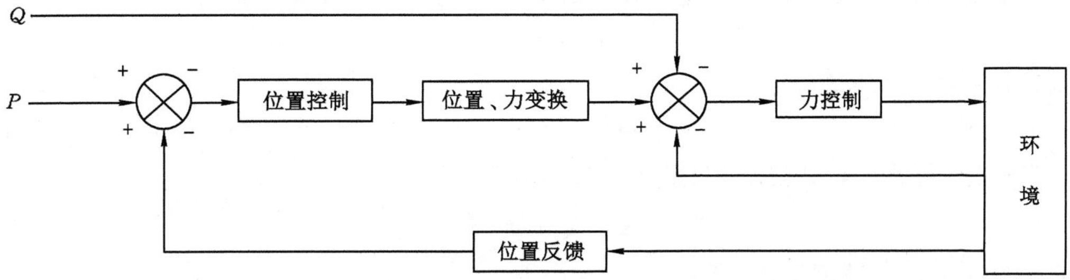

图 6-2　以位移控制为基础的力控制系统框图

由图 6-2 可知，位移控制作为系统的内环，力控制作为系统的外环，因此系统的稳定性同时与位移闭环和力闭环有关。位移输出和力输出都由同一个控制器实现，常难以同时满足两方面的控制要求。

(2) 以广义力控制为基础

这一方案的特点是，在力闭环的基础上再加上位置环，如图 6-3 所示。

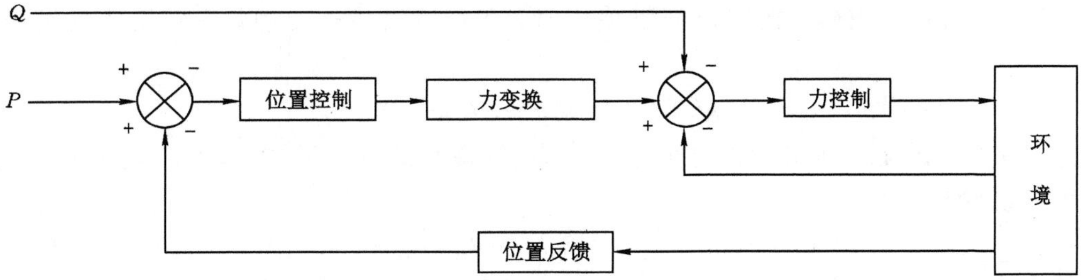

图 6-3　以广义力控制为基础的力控制系统框图

6.3.3　力控制的基本原理

当工业机器人手爪与环境相接触时，会产生相互作用的力。一般情况下，在考虑接触力时，必须设计某种环境模型。为使概念明确，用类似于位置控制的简化方法，使用很简单的质量-弹簧模型来表示受控物体与环境之间的接触作用，如图 6-4 所示。

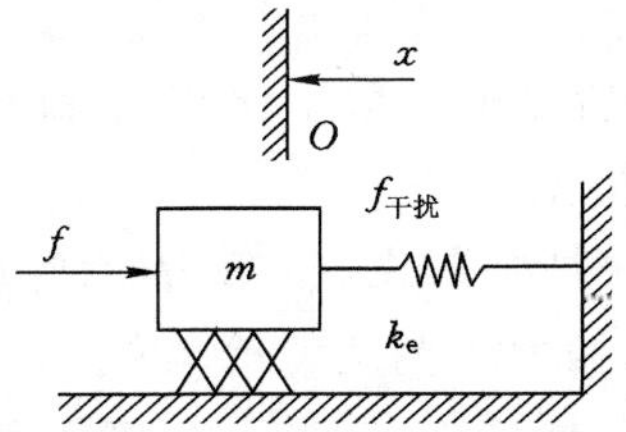

图 6-4　质量-弹簧系统

假设系统是刚性的，质量为 m，而环境具有的刚度为 k_e。现在来讨论这个质量-弹簧系统的力控制问题。用 $f_{干扰}$ 表示未知的干扰力，它可能是摩擦力或是机械传动的阻力。作用在弹簧上的力，也就是希望得到控制的作用在环境上的力，用 f_e 表示，且：

$$f_e = k_e x \tag{6-11}$$

描述这一物理系统的方程为：

$$f = m\ddot{x} + k_e x + f_{干扰} \tag{6-12}$$

如果用作用在环境上的控制变量 f_e 表示，则有：

$$f = mk_e^{-1}\ddot{f}_e + f_e + f_{干扰} \tag{6-13}$$

利用控制规律分解的方法，选定：

$$f = mk_e^{-1}, \quad \beta = f_e + f_{干扰} \tag{6-14}$$

从而得到伺服规则，即：

$$f = mk_e^{-1}[\ddot{f}_d + k_{vf}\dot{e}_f + k_{pf}e_f] + f_e + f_{干扰} \tag{6-15}$$

式中，$e_f = f_d - f_e$ 为期望力 f_d 与环境中用力传感器检测出的力 f_e 之间的差值（称力误差）；k_{vf} 及 k_{pf} 为力控制系统增益系数。

联立式(6-13) 和式(6-15)，就会有闭环系统误差方程：

$$\ddot{e}_f = k_{vf}\dot{e}_f + k_{pf}e_f = 0 \tag{6-16}$$

但是，影响 $f_{干扰}$ 的因素很多，且难以预测，实际上是未知的，因而由式(6-15)表示的伺服规则并不可行。当然，在制定伺服规则时，我们可去掉这一项，得到简化的伺服规则为：

$$f = mk_e^{-1}[\ddot{f}_d + k_{vf}\dot{e}_f + k_{pf}e_f] + f_e \tag{6-17}$$

当环境刚度 k_e 很大时，我们也可用期望力 f_d 取代式(6-15)中 $f_e + f_{干扰}$ 这一项。此时，伺服规则变为：

$$f = mk_e^{-1}[\ddot{f}_d + k_{vf}\dot{e}_f + k_{pf}e_f] + f_d \tag{6-18}$$

下面来讨论采用式(6-17)和式(6-18)两种伺服规则时系统的稳态误差。在进行稳态误差分析时，首先设在稳态情况下各阶导数项为零，令式(6-13)与式(6-17)相等，则得到忽略 $f_{干扰}$ 的伺服规则所产生的稳态误差：

$$e_{r1} = \lambda f_{干扰} \tag{6-19}$$

式中，$\lambda = mk_e^{-1}k_{pf}$ 为有效的力反馈增益。

令式(6-13)与式(6-18)相等，则得到用 f_d 代替 $f_e + f_{干扰}$ 干扰时的伺服规则所产生的稳态误差：

$$e_{r2} = (\lambda + 1) f_{干扰} \tag{6-20}$$

通常情况下环境为刚性，λ 是较小的正数。比较 e_{r1} 和 e_{r2}，可知 $e_{r1} > e_{r2}$，即由式(6-18)表示的伺服规则产生的稳态误差要小些。

在实际应用中，力控制的伺服规则与式(6-18)表示的规则有些不同。首先，在一般情况下，力轨迹是恒定的，即要求接触力控制为某个常数值，而很少把它设置为任意的时间函数。这样，控制方程中导数项 $\dot{f}_d = \ddot{f}_d = 0$；另一个实际问题是检测出的力有时带有很大的噪声，如果根据检测出的 f_e，用数值微分的方法求 $\dot{f}_e$，会使系统的噪声很大。由于 $f_e = k_e x$，可以用测得系统质量块的速度 $\dot{x}$ 来计算环境作用力的导数 $\dot{f}_e = k_e\dot{x}$。这是更加现实的，因为速度检测技术是成熟的。

考虑了这两个实际情况之后，可以把由式(6-18)表示的伺服规则写成：

$$f = m[k_e^{-1} k_{pf} e_f - k_{vf} \dot{x} e_f] + f_d \tag{6-21}$$

从式(6-21)中可以看出，利用系统的速度信号 $\dot{x}$ 构成一个反馈增益为 k_{vf} 的速度反馈内回路，调整 k_{vf} 可以改变阻尼比，改善了系统的动态性能。同时，反馈信号 f_e 和前馈信号 f_d 也能减少系统的误差。

以上的稳态误差分析表明，该规则是比较好的伺服规则，既简单实用，又可使稳态误差较小。

6.4　工业机器人速度控制

对工业机器人的运动控制来说，在位置控制的同时，还要进行速度控制。例如，在连续轨迹控制方式的情况下，工业机器人按预定的指令、控制运动部件的速度和实行加、减速，以满足运动平稳、定位准确的要求。为了实现这一要求，机器人的行程要遵循一定的速度变化。由于工业机器人是一种工作情况(行程负载)多变、惯性负载大的运动机械，要处理好快速与平稳的矛盾，必须控制启动加速和停止前的减速这两个过渡运动区段。

6.5　工业机器人位置-力矩混合控制

工业机器人手爪与外界环境接触有下面两种极端状态：

一种极端状态是手爪可以在空间自由运动，即手爪与外界环境没有力的相互作用，自然约束完全是关于接触力的约束，约束条件为 $F=0, M=0$。也就是说，对于有六个自由度的机器人来说，可以自由地控制机器人沿六个自由度方向上的运动，但无法在任何方向上对手爪施加力控制。

另一种极端状态是手爪被固定在环境里。这时，机器人要满足六个自由度方向的位置自然约束，手爪不能自由地改变位置，然而可以自由地控制手爪向对象施加力和力矩的大小。

上述两种极端状态中，前一种属于讨论过的位置控制问题，而后一种在实际中很少出现。

通常所涉及的是下面所介绍的状态，机器人在一部分自由度上受到位置约束时的力控制问题，即位置-力混合控制问题。

(1) 位置-速度控制部分

位置-速度控制部分由位置和速度两个通道构成。位置通道以末端期望的笛卡尔空间位置 x_d 作为给定，位置反馈由关节位置利用运动学计算获得。利用雅可比矩阵，将笛卡尔空间的位姿偏差转换为关节空间的位置偏差，经过 PI 运算后作为关节控制力或力矩的一部分。速度通道以末端期望的笛卡尔空间速度 $\dot{x}_d$ 作为给定，速度反馈由关节速度利用雅可比矩阵计算获得。同样的，速度通道利用雅可比矩阵，将笛卡尔空间的速度偏差转换为关节空间的速度偏差。然后，经过比例计算，其结果作为关节控制力或力矩的一部分。C_p 为位置-速度控制部分各个分量的选择矩阵，用于对各个分量的作用大小进行选择，表现在机器人末端为各个分量的柔顺性不同。位置-速度控制部分产生的关节控制力或力矩见式(6-22)：

$$\tau_p=(K_{pp}+K_{pt}/s)J^{-1}C_p[x_d-T(q)]+K_{pd}J^{-1}C_p(\dot{x}_d-J\dot{q}) \tag{6-22}$$

式中，τ_p 为位置-速度控制部分产生的关节空间力或力矩；x_d 为期望位置；T 为机器人的运动学方程，即基坐标系到末端坐标系的变换矩阵；q 是关节位置矢量；J 是雅可比矩阵；K_{pp} 是位置通道的比例系数；K_{pt} 是位置通道的积分系数；$\dot{x}_d$ 为期望速度；$\dot{q}$ 为关节速度矢量；K_{pd} 是速度通道的比例系数。

(2) 位置-力控制部分

力控制部分由 PI 和力前馈两个通道构成。PI 通道以机器人末端期望的笛卡尔空间广义力 F_d 作为给定，力反馈由力传感器测量获得。利用雅可比矩阵，将笛卡尔空间的力偏差转换为关节空间的力偏差，经过 PI 运算后作为关节控制力或力矩的一部分。力前馈通道直接利用雅可比矩阵将 F_d 转换到关节空间，作为关节控制力或力矩的一部分。力前馈通道的作用是加快系统对期望力 F_d 的响应速度。C_f 为力控制部分各个分量的选择矩阵，用于对各个分量的作用大小进行选择。力控制部分产生的关节空间力或力矩见式(6-23)：

$$\tau_f=(K_{fp}+K_{ft}/s)J^{T}C_f[F_d-K_{fd}F]+F_dJ^{T}C_F \tag{6-23}$$

式中，τ_f 为力控制部分产生的关节控制力或力矩；F_d 为期望的机器人末端在笛卡尔空间的广义力；F 为机器人末端当前的广义力；K_{fb} 为测量得到的广义力；K_{fp} 是力通道的比例系数；K_{ft} 是力通道的积分系数。

机器人关节空间的力或力矩是位置-速度控制部分和力控制部分产生的力或力矩之和：

$$\tau=\tau_p+\tau_f \tag{6-24}$$

力-位置混合控制方案的缺点是：自适应能力和鲁棒性较差，当机器人的参数或外界工作环境发生变化时，系统的控制性会变差。

第 7 章　工业机器人轨迹规划

本章主要介绍了工业机器人的轨迹规划。这里的轨迹是指操作臂(末端执行器)空间运动的位姿、速度和加速度的时间历程。轨迹规划就是根据机器人的作业任务要求，对末端执行器的空间运动进行设计，使之能够从初始状态沿着期望的轨迹运动到终点状态。

当指定工业机器人执行某项操作作业时，往往会附加一些约束条件，如沿指定路径运动及要求运动平稳等。这就提出了对机器人运动轨迹进行规划和协调的问题。由于运动轨迹可在关节坐标空间中描述，也可在直角坐标空间中指定，从而形成了关节空间和直角坐标空间机器人运动轨迹的规划和生成方法。在关节空间中进行轨迹规划是指将所有关节变量表示为时间的函数，用这些关节函数及其一阶、二阶导数描述机器人预期的运动。在直角坐标空间中进行轨迹规划，是指将末端执行器位置、速度和加速度表示为时间的函数，而相应的关节位置、速度和加速度则由末端执行器信息导出。

本章在工业机器人运动学和动力学的基础上，讨论在关节空间和笛卡尔空间中机器人运动的轨迹规划和轨迹生成方法。

7.1　轨迹规划的一般性问题

考虑一个六轴机器人从空间位置 A 点向 B 点运动。使用第 2 章中导出的机器人逆运动学方程，可以计算出机器人到达新位置时关节的总位移，机器人控制器利用所算出的关节值驱动机器人到达新的关节值，从而使机器人操作臂运动到新的位置。采用关节量来描述机器人的运动称为关节空间描述。正如后面将看到的，虽然在这种情形下机器人最终将移动到期望位置，但机器人在这两点之间的运动是不可预知的。

假设在 A、B 两点之间画一直线，希望机器人从 A 点沿该直线运动到 B 点。为达到此目的，须将图 7-1 中所示的直线分为许多小段，并使机器人的运动经过所有中间点。为完成这一任务，在每个中间点处都要求解机器人的逆运动学方程，计算出一系列的关节量，然后由控制器驱动关节到达下一目标点。当所有线段都完成时，机器人便到达所希望的 B 点。然而在该例中，与前面提到的关节空间描述不同，这里机器人在所有时刻的位姿运动都是已知的。机器人所产生的运动序列首先在直角坐标空间中进行描述，然后转化为关节空间描述。由这个简单例子可以看出，直角坐标空间描述的计算量远大于关节空间描述，然而使用该方法能得到一条可控且可预知的路径。

关节空间和直角坐标空间这两种描述都很有用，但都有其长处与不足。由于直角坐标空间轨迹在常见的直角坐标空间中表示，因此非常直观，人们能很容易地看到机器人末端执行器的轨迹。然而，直角坐标空间轨迹计算量大，需要较快地处理到机器人末端执行器的轨迹。然而，直角坐标空间轨迹计算量大，需要较快的处理速度才能得到类似关节空间轨迹的

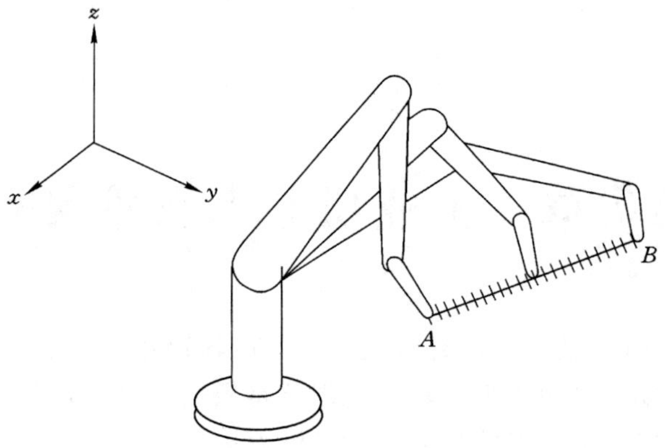

图 7-1　工业机器人沿直线的运动

计算精度。此外，虽然在直角坐标空间的轨迹非常直观，但难以确保不存在奇异点。例如在图 7-2(a)中，如稍不注意就可能使指定的轨迹穿入机器人自身，或使轨迹到达工作空间之外，这些自然是不应该出现的，而且也不可能求解。由于在机器人运动之前无法事先得知其位姿，这种情况完全有可能发生。此外，如图 7-2(b)所示，两点间的运动有可能使机器人关节值发生突变，这也是不可能实现的。对于上述这些问题，可以指定机器人必须通过中间点来避开障碍物或其他奇异点。

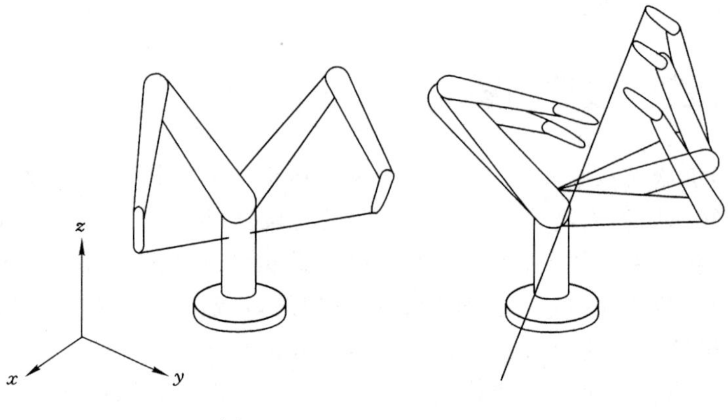

图 7-2　直角坐标空间轨迹的问题
(a) 机器人在直角坐标空间指定的轨迹；(b) 规定的轨迹使机器人关节位置变化

7.2　轨迹规划的基本原理

这里以两自由度机器人为例，介绍在关节空间和在直角坐标空间进行轨迹规划的基本原理。如图 7-3 所示，要求机器人从 A 点运动到 B 点。机器人在 A 点时的关节角为 $\alpha=20°$，$\beta=30°$。假设已算出机器人达到 B 点时的关节角为 $\alpha=40°$，$\beta=80°$，同时已知机器人两个关节运动的最大速率均为 10°/s。机器人从 A 点运动到 B 点的一种方法是使所有关节都以其最大角速度运动，这就是说，机器人下方的连杆用 2 s 即可完成运动，而上方的连杆还需再运动 3 s。图 7-3 中画出了操作臂末端的轨迹，可见其路径是不规则的，操作臂末端走过的距离也是不均匀的。

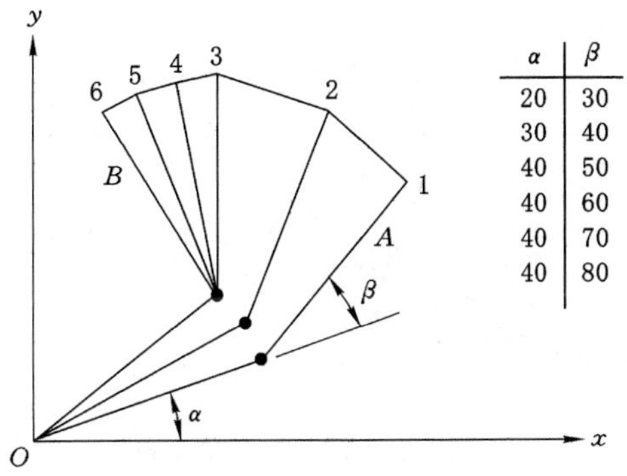

α	β
20	30
30	40
40	50
40	60
40	70
40	80

图 7-3　两自由度机器人关节空间的非归一化运动

将机器人操作臂两个关节的运动用一个公共因子做归一化处理，使其运动范围较小的关节运动成比例地减慢，这样可使得两个关节能够同步开始和同步结束运动。这时两个关节以不同速度一起连续运动，即 α 每秒改变 4°，而 β 每秒改变 10°。从图 7-4 中可以看出，得出的轨迹与前面不同，该运动轨迹的各部分比以前更加均衡，但是所得路径仍然是不规则的。这两个例子都是在关节空间中进行规划的，所需的计算仅是运动终点的关节量，而第二个例子中还进行了关节速率的归一化处理。

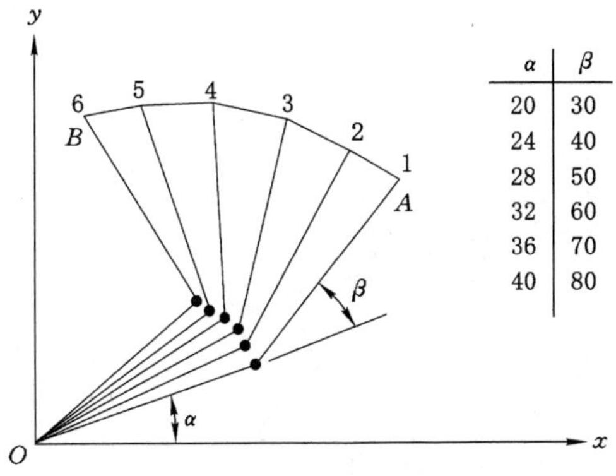

α	β
20	30
24	40
28	50
32	60
36	70
40	80

图 7-4　两自由度机器人关节空间的归一化运动

现在假设希望机器人的末端执行器沿 A 点到 B 点之间的一条已知直线路径运动。最简单的解决方法是：首先在 A 点和 B 点之间画一直线，再将这条线等分为几部分，如分为 5 份，然后如图 7-5 所示计算出各点所需要的 α 和 β 值，这一过程称为在 A 点和 B 点之间插值。可以看出，这时路径是一条直线，而关节角并非均匀变化。虽然得到的运动是一条已知的直线轨迹，但必须计算出直线上每点的关节量。显然，如果路径分割的部分太少，将不能保证机器人在每一段内严格地沿直线运动。为获得更好的沿循精度，就需要对路径进行更多的分割，也就需要计算更多的关节点。由于机器人轨迹的所有运动段都是基于直角坐标进行计算的，因此它是直角坐标空间的轨迹。

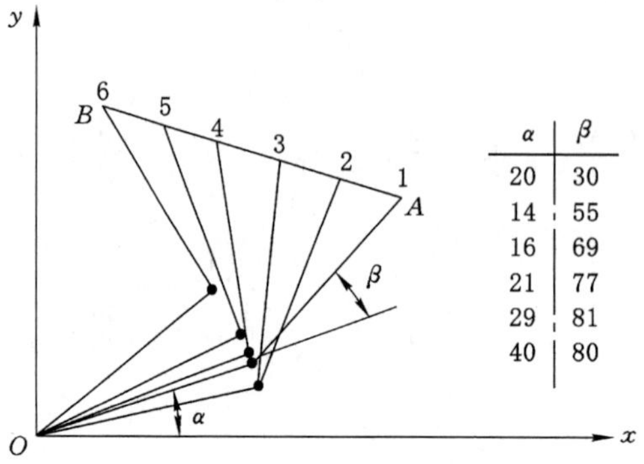

α	β
20	30
14	55
16	69
21	77
29	81
40	80

图 7-5　两自由度机器人的直角坐标空间运动

在前面的例子中均假设机器人的驱动装置能够提供足够大的功率来满足关节所需的加速和减速，如前面假设操作臂在路径第一段运动的一开始就可立刻加速到所需的期望速度。如果这一点不成立，那么机器人所沿循的将是一条不同于前面所设想的轨迹，即在加速到期望速度之前的轨迹将稍稍落后于设想的轨迹。为了改进这一状况，可对路径进行不同方法的分段，即操作臂开始加速运动时的路径分段较小，随后使其以恒定速度运动，而在接近 B 点时再在较小的分段上减速，如图 7-6 所示。当然对于路径上的每一点仍须求解机器人的逆运动学方程，这与前面几种情况类似。如在该例中，不是将直线段 AB 等分，而是在开始时基于方程 $S=\frac{1}{2}at^2$ 进行划分，直到其到达所需要的运动速度时为止，末端运动则依据减速过程类似地进行划分。

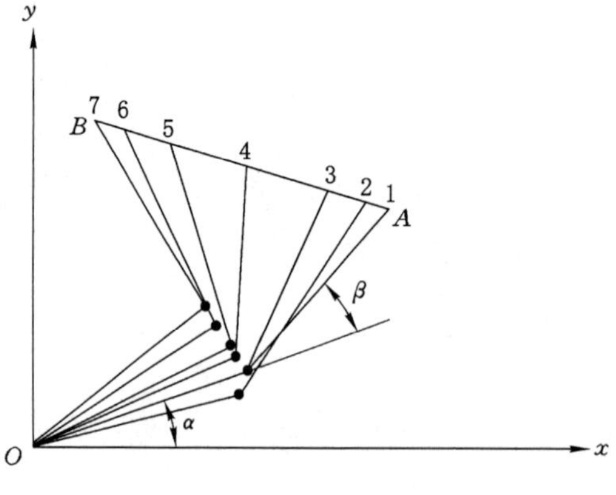

图 7-6　具有加速和减速段的轨迹规划

还有一种情况是：轨迹规划的路径并非直线，而是某个期望路径（如二次曲线），这时必须基于期望路径计算出每一段的坐标，并进而计算相应的关节量才能实现沿循期望路径运动。至此只考虑了机器人在 A、B 两点间的运动，而在多数情况下，可能要求机器人顺序通过许多点。下面将进一步讨论多点间的轨迹规划，并最终实现连续运动。

如图 7-7 所示，假设机器人从 A 点经过 B 点运动到 C 点。一种方法是从 A 向 B 先加速，再匀速，接近 B 时减速并在到达 B 时停止，然后由 B 到 C 重复这一个过程。这一停一走的不平稳运动包含了不必要的停止动作。一种可行方法是将 B 点两边的运动进行平滑过渡。机器人先抵达 B 点(如果必要的话可以减速)，然后沿着平滑过渡的路径重新加速，最终抵达并停在 C 点。平滑过渡的路径使机器人的运动更加平稳，降低了机器人的应力水平，并且减少了能量消耗。如果机器人的运动由许多段组成，所有的中间运动段都可以采用过渡的方式平滑连接在一起。但必须注意由于采用了平滑过渡曲线，机器人经过的可能不是原来的 B 点而是 B' 点[图 7-7(a)]。如果要求机器人精确经过 B 点，可事先设定一个不同的 B'' 点，使得平滑过渡曲线正好经过 B 点[图 7-7(b)]。另一种方法如图 7-8 所示，在 B 点前后各加过渡点 D 和 E，使得 B 点落在 D、E 连线上，确保机器人能够经过 B 点。

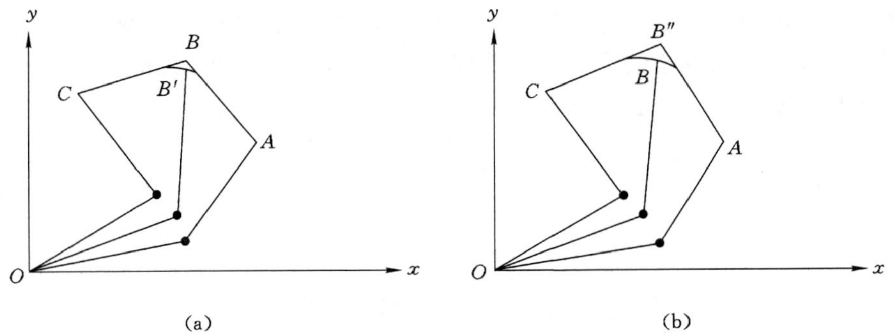

图 7-7 路径上不同运动段的平滑过渡

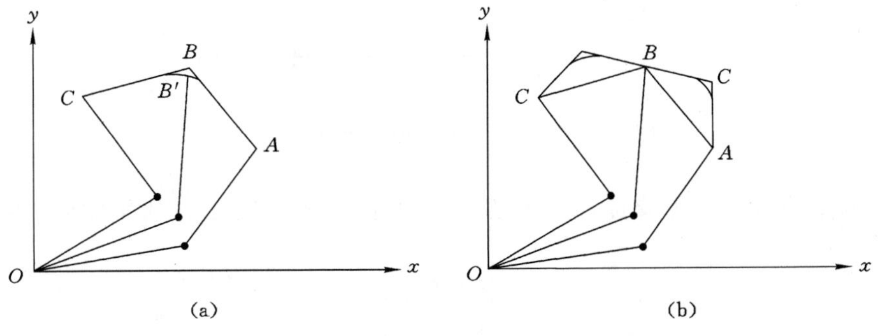

图 7-8 保证机器人运动通过中间规定点的替代方案

7.3 关节空间的轨迹规划

本节将研究以关节角的函数来描述轨迹的生成方法。

每个路径点通常是用工具坐标系$\{T\}$相对于工作台坐标系$\{S\}$的期望位姿来确定的。应用逆运动学理论，将中间点“转换”成一组期望的关节角。这样，就得到了经过各中间点并

终止于目标点的 n 个关节的光滑函数。对于每个关节而言，由于各路径段所需要的时间是相同的，因此所有的关节将同时到达各中间点，从而得到$\{T\}$在每个中间点上的期望的笛卡尔位置。尽管对每个关节指定了相同的时间间隔，但对于某个特定的关节而言，其期望的关节角函数与其他关节函数无关。

因此，应用关节空间规划方法可以获得各中间点的期望位姿。尽管各中间点之间的路径在关节空间中的描述非常简单，但在笛卡尔坐标空间中的描述却很复杂。一般情况下，关节空间的规划方法便于计算，并且由于关节空间与笛卡尔坐标空间之间并不存在连续的对应关系，因而不会发生机构的奇异性问题。

(1) 三次多项式

下面考虑在一定时间内将工具从初始位置移动到目标位置的问题。应用逆运动学可以解出对应于目标位姿的各个关节角。操作臂的初始位置是已知的，并用一组关节角进行描述。现在需要确定每个关节的运动函数，其在 t 时刻的值为该关节的初始位置，在 t_f 时刻的值为该关节的期望目标位置，如图 7-9 所示，有多种光滑函数 $\theta(t)$ 均可用于对关节角进行插值。为了获得一条确定的光滑运动曲线，显然至少需要对 $\theta(t)$施加四个约束条件。通过选择初始值和最终值可得到对函数值的两个约束条件：

$$\begin{cases}\theta(0)=\theta_0\\\theta(t_f)=\theta_f\end{cases}\tag{7-1}$$

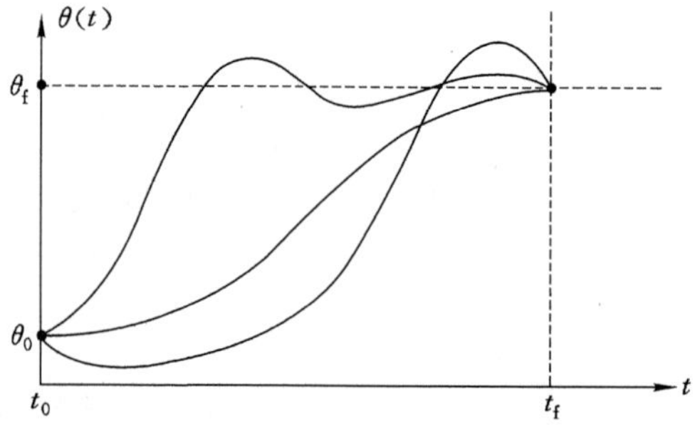

图 7-9　某一关节的几种可能的路径曲线

另外，两个约束条件需要保证关节速度函数连续，即在初始时刻和终止时刻关节速度为零：

$$\begin{cases}\dot{\theta}(0)=0\\\dot{\theta}(t_f)=0\end{cases}\tag{7-2}$$

这些约束条件唯一确定了一个三次多项式，该三次多项式具有如下形式：

$$\theta(t)=a_0+a_1t+a_2t^2+a_3t^3\tag{7-3}$$

所以，对应于该路径的关节速度和加速度显然有：

$$\begin{cases}\dot{\theta}(t)=a_1+2a_2t+3a_3t^2\\\ddot{\theta}(t)=2a_2+6a_3t\end{cases}\tag{7-4}$$

把这四个期望的约束条件代入式(7-3)和式(7-4)，可以得到含有四个未知量的四个方程：

$$\begin{cases}\theta_0 = a_0 \\ \theta_f = a_0 + a_1 t_f + a_2 t_f^2 + a_3 t_f^3 \\ 0 = a_1 \\ 0 = a_1 + 2a_2 t_f + 3a_3 t_f^2\end{cases} \tag{7-5}$$

解方程可以得到：

$$\begin{cases}a_0 = \theta_0 \\ a_1 = 0 \\ a_2 = \dfrac{3}{t_f^2}(\theta_f - \theta_0) \\ a_3 = -\dfrac{2}{t_f^3}(\theta_f - \theta_0)\end{cases} \tag{7-6}$$

应用式(7-6)可以求出从任何起始关节角位置到期望终止位置的三次多项式，但是该解仅适用于起始关节角速度与终止关节角速度均为零的情况。

(2) 具有中间点的路径的三次多项式

到目前为止，已经讨论了用期望的时间间隔和最终目标点描述的运动。一般而言，希望确定包含中间点的路径。如果操作臂能够停留在每个中间点，那么可以使用上面介绍的三次多项式求解。

通常，操作臂需要连续经过每个中间点，所以应该归纳出一种能够使三次多项式满足路径约束条件的方法。

与单目标点的情形类似，每个中间点通常是用工具坐标系相对于工作台坐标系的期望位姿来确定的。应用逆运动学把每个中间点“转换”成一组期望的关节角。然后，考虑对每个关节求出平滑连接每个中间点的三次多项式。

如果已知各关节在中间点的期望速度，那么就可像前面一样构造出三次多项式，但是，这时在每个终止点的速度约束条件不再为零，而是已知的速度。

于是，式(7-2)的约束条件变成：

$$\begin{cases}\dot{\theta}(0) = \dot{\theta}_0 \\ \dot{\theta}(t_f) = \dot{\theta}_f\end{cases} \tag{7-7}$$

描述这个一般三次多项式的四个方程为：

$$\begin{cases}\theta_0 = a_0 \\ \theta_f = a_0 + a_1 t_f + a_2 t_f + a_3 t_f^3 \\ \dot{\theta}_0 = a_1 \\ \dot{\theta}_f = a_1 + 2a_2 t_f + 3a_3 t_f^2\end{cases} \tag{7-8}$$

求解方程组可以得到：

$$\begin{cases}a_0 = \theta_0 \\ a_1 = \dot{\theta}_0 \\ a_2 = \dfrac{3}{t_f^2}(\theta_f - \theta_0) - \dfrac{2}{t_f}\dot{\theta}_0 - \dfrac{1}{t_f}\dot{\theta}_f \\ a_3 = -\dfrac{2}{t_f^3}(\theta_f - \theta_0) + \dfrac{1}{t_f^2}(\dot{\theta}_f + \dot{\theta}_0)\end{cases} \tag{7-9}$$

应用式(7-9)可求出符合任何起始和终止位置以及任何起始和终止速度的三次多项式。

如果在每个中间点处均有期望的关节速度,那么可以简单地将式(7-9)应用到每个曲线段来求出所需的三次多项式。确定中间点处的期望关节速度可以使用以下几种方法:

① 根据工具坐标系的笛卡尔线速度和角速度确定每个中间点的瞬时期望速度。

② 在笛卡尔空间或关节空间使用适当的启发式方法,系统自动选取中间点的速度。

③ 采用使中间点处的加速度连续的方法,系统自动选取中间点的速度。

第一种方法,利用在中间点上计算出的操作臂的雅可比逆矩阵,把中间点的笛卡尔期望速度“映射”为期望的关节速度。如果操作臂在某个特定的中间点上处于奇异位置,则用户将无法在该点处任意指定速度。对于一个路径生成算法而言,其用处之一就是满足用户指定的期望速度。然而,总是要求用户指定速度也是一个负担。因此,一个方便的路径规划系统还应包括方法二或三(或者二者兼而有之)。

第二种方法,系统使用一些启发式方法来自动地选择合理的中间点速度。图 7-10 所示为由中间点确定的某一关节 θ 路径的方法。在图 7-10 中,已经合理选取了各中间点上的关节速度,并用短直线来表示,这些短直线即为曲线在每个中间点处的切线。这种选取结果是通过使用了概念和计算方法都很简单的启发式方法而得到的。假设用直线段把中间点连接起来。如果这些直线的斜率在中间点处改变符号,则把速度选定为零;如果这些直线的斜率没有改变符号,则选取两斜率的平均值作为该点的速度。这样,系统可以只根据规定的期望中间点来选取每个中间点的速度。

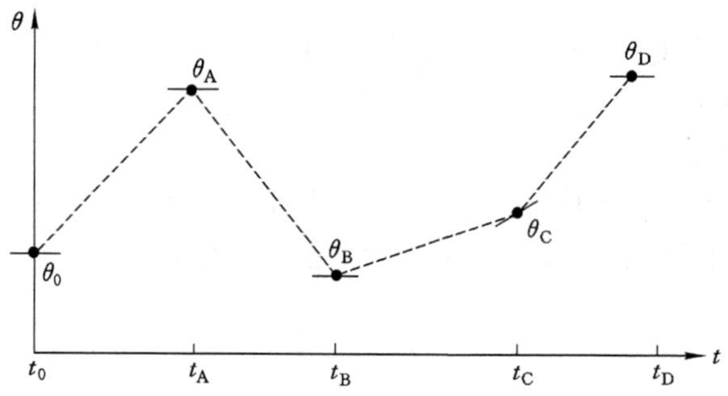

图 7-10 有切线标记的点为期望速度的中间点

第三种方法,系统根据中间点处的加速度为连续的原则选取各点的速度。为此,需要一种新的方法,在这种样条曲线中设置一组数据,在两条三次曲线的连接点处,用速度和加速度均为连续的约束条件替换两个速度约束条件。

【例 7-1】 试求解两个三次曲线的系数,使得两线段连成的样条曲线在中间点处具有连续的加速度。假设起始角为 θ,中间点为 θ_v,目标点为 θ_g。

解: 第一个三次曲线为:

$$\theta_1(t)=a_{10}+a_{11}t+a_{12}t^2+a_{13}t^3 \tag{7-10}$$

第二个三次曲线为:

$$\theta_2(t)=a_{20}+a_{21}t+a_{22}t^2+a_{23}t^3 \tag{7-11}$$

在一个时间段内,每个三次曲线的起始时刻 $t=0$,终止时刻 $t=t_fi$,其中 $i=1$ 或 2。

施加的约束条件为:

$$\begin{cases}\theta_0 = a_{10} \\ \theta_v = a_{10} + a_{11}t_{f1} + a_{12}t_{f1}^2 + a_{13}t_{f1}^3 \\ \theta_v = a_{20} \\ \theta_g = a_{20} + a_{21}t_{f2} + a_{22}t_{f2}^2 + a_{23}t_{f2}^3 \\ 0 = a_{11} \\ 0 = a_{21} + 2a_{22}t_{f2} + 3a_{23}t_{f2}^2 \\ a_{21} = a_{11} + 2a_{12}t_{f1} + 3a_{13}t_{f1}^2 \\ 2a_{22} = 2a_{12} + 6a_{13}t_{f1}\end{cases} \tag{7-12}$$

这些约束条件确定了一个具有 8 个方程和 8 个未知数的线性方程组。当 $t_f = t_{f1} = t_{f2}$ 时，可以得到：

$$\begin{cases}a_{10} = \theta_0 \\ a_{11} = 0 \\ a_{12} = \dfrac{12\theta_v - 3\theta_g - 9\theta_0}{4t_f^2} \\ a_{13} = \dfrac{-8\theta_v + 3\theta_g + 5\theta_0}{4t_f^3} \\ a_{20} = \theta_v \\ a_{21} = \dfrac{3\theta g - 3\theta_0}{4t_f} \\ a_{22} = \dfrac{-12\theta_v + 6\theta_g + 6\theta_0}{4t_f^2} \\ a_{23} = \dfrac{8\theta_v - 5\theta_g - 3\theta_0}{4t_f^3}\end{cases} \tag{7-13}$$

一般情况下，对于包含 n 个三次曲线段的轨迹来说，当满足中间点处加速度为连续时，其方程组可以写成矩阵形式，可用来求解中间点的速度。该矩阵为三角阵，易于求解。

(3) 高阶多项式

有时用高阶多项式作为路径段。例如，如果要确定路径段起始点和终止点的位置、速度和加速度，则需要用一个五次多项式进行插值，即：

$$\theta(t) = a_0 + a_1 t + a_2 t^2 + a_3 t^3 + a_4 t^4 + a_5 t^5 \tag{7-14}$$

其约束条件为：

$$\begin{cases}\theta_0 = a_0 \\ \theta_f = a_0 + a_1 t_f + a_2 t_f^2 + a_3 t_f^3 + a_4 t_f^4 + a_5 t_f^5 \\ \dot{\theta} = a_1 \\ \dot{\theta}_f = a_1 + 2a_2 t_f + 3a_3 t_f^2 + 4a_4 t_f^3 + 5a_5 t_f^4 \\ \dot{\theta}_0 = 2a_2 \\ \dot{\theta}_f = 2a_2 + 6a_3 t_f + 12a_4 t_f^2 + 20a_5 t_f^3\end{cases} \tag{7-15}$$

这些约束条件确定了一个具有 6 个方程和 6 个未知数的线性方程组，其解为：

$$\begin{cases} a_0=\theta_0 \\ a_1=\dot{\theta}_0 \\ a_2=\dfrac{\dot{\theta}_0}{2} \\ a_3=\dfrac{20\theta_f-20\theta_0-(8\dot{\theta}_f+12\dot{\theta}_0)t_f-(3\dot{\theta}_0-\dot{\theta}_f)t_f^2}{2t_f^3} \\ a_4=\dfrac{30\theta_0-30\theta_f-(14\dot{\theta}_f+16\dot{\theta}_0)t_f-(3\dot{\theta}_0-2\dot{\theta}_f)t_f^2}{2t_f^4} \\ a_5=\dfrac{12\theta_f-12\theta_0-(6\dot{\theta}_f+6\dot{\theta}_0)t_f-(\dot{\theta}_0-\dot{\theta}_f)t_f^2}{2t_f^5} \end{cases} \tag{7-16}$$

对于一个途经多个给定数据点的轨迹来说，可用多种算法来求解描述该轨迹的光滑函数（多项式或其他函数）。在本书中，将不对此进行介绍。

（4）与抛物线拟合的线性函数

另外一种可选的路径形状是直线，即简单地从当前的关节位置进行线性插值，直到终止位置，如图 7-11 所示，尽管在该方法中各关节的运动是线性的，但是末端执行器在空间的运动轨迹一般不是直线。

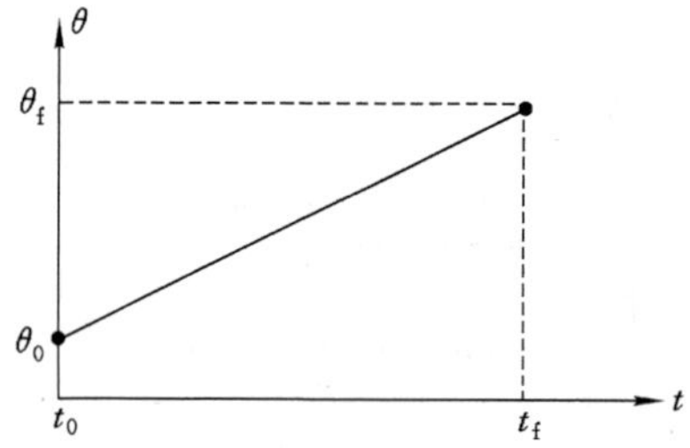

图 7-11　线性插值要求加速度无穷大

然而，直接进行线性插值将导致在起始点和终止点的关节运动速度不连续。为了生成一条位置和速度都连续的平滑运动轨迹，开始先用线性函数，但需在每个路径点增加一段抛物线拟合区域。

在运动轨迹的拟合区段内，将使用恒定的加速度平滑地改变速度。图 7-12 所示为使用这种方法构造的简单路径。直线函数和两个抛物线函数组合成一条完整的位置与速度均连续的路径。为了构造这样的路径段，假设两端的抛物线拟合区段具有相同的持续时间，因此在这两个拟合区段中采用相同的恒定加速度（符号相反）。

如图 7-13 所示，这里存在有多个解，但是每个结果都对称于时间中点 t_h 和位置中点 θ_h。由于拟合区段终点的速度必须等于直线段的速度，所以有：

$$\dot{\theta}_{t_b}=\frac{\theta_h-\theta_b}{t_h-t_b} \tag{7-17}$$

式(7-17)中，θ_b 是拟合段终点的 θ 值，而 $\dot{\theta}_{t_b}$ 是拟合区段的加速度。θ_b 的值由下式给出：

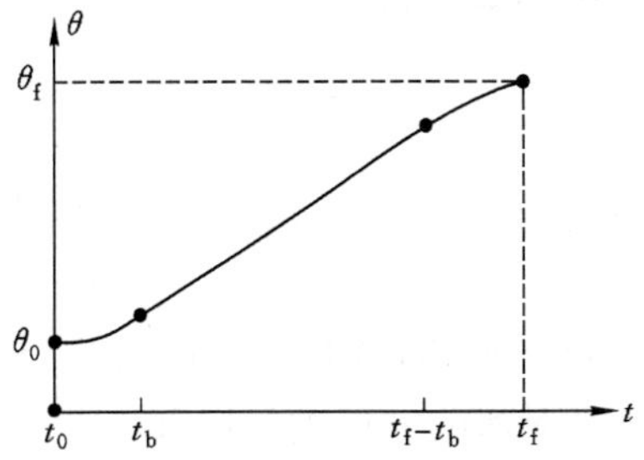

图 7-12　带有抛物线拟合的直线段 1

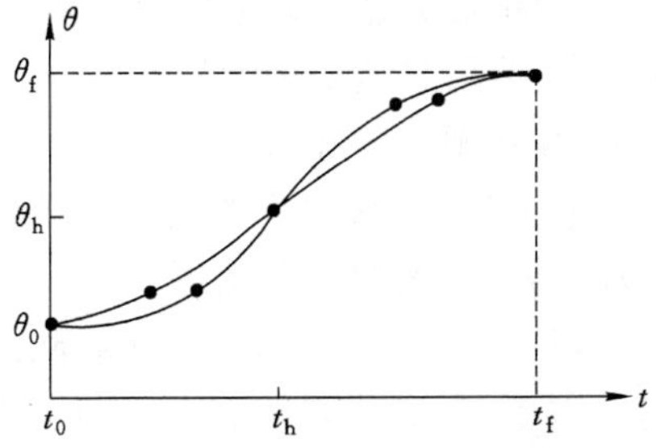

图 7-13　带有抛物线拟合的直线段 2

$$\theta_b = \theta_0 = \frac{1}{2}\ddot{\theta} t_b^2 \tag{7-18}$$

联立上述两式，且 $t=2t_h$，可以得到：

$$\ddot{\theta} t_b^2 - \ddot{\theta} t t_b + (\theta_f - \theta_0) = 0 \tag{7-19}$$

式(7-19)中，t 是期望的运动时间。对于任意给定的 θ_f、θ 和 t，可通过选取满足上式的 $\ddot{\theta}$ 和 t_b 来获得任意一条路径。通常，先选择加速度 $\ddot{\theta}$，再计算上式，求解出相应的 t_b。选择的加速度必须足够大，否则解将不存在。根据加速度和其他已知参数计算上式，求解 t_b，具体见下式：

$$t_b = \frac{t}{2} - \frac{\sqrt{\ddot{\theta}^2 t^2 - 4\ddot{\theta}(\theta_f - \theta_0)}}{2\ddot{\theta}} \tag{7-20}$$

在拟合区段使用的加速度约束条件为：

$$\ddot{\theta} \geqslant \frac{4(\theta_f - \theta_0)}{t^2} \tag{7-21}$$

当上式的等号成立时，直线部分的长度缩减为零，整个路径由两个拟合区段组成，且衔接处的斜率相等。如果加速度的取值越来越大，则拟合区段的长度将随之越来越短。当处于极限状态时，即加速度无穷大，路径又恢复到简单的线性插值情况。

7.4　直角坐标空间的轨迹规划

直角坐标空间轨迹与机器人相对于直角坐标系的运动有关，如机器人末端执行器的位姿便是沿循直角坐标空间的轨迹。除了简单的直线轨迹以外，也可用许多其他的方法来控制机器人在不同点之间沿一定轨迹运动。实际上，所有用于关节空间轨迹规划的方法都可用于直角坐标空间的轨迹规划。最根本的差别在于，直角坐标空间轨迹规划必须反复求解逆运动学方程来计算关节角，也就是说，对于关节空间轨迹规划，规划函数生成的值就是关节值，而直角坐标空间轨迹规划函数生成的值是机器人末端执行器的位姿，它们需要通过求解逆运动学方程才能化为关节量。

以上过程可以简化为如下的计算循环：

① 将时间增加一个增量。

② 利用所选择的轨迹函数计算出执行器的位姿。

③ 利用机器人逆运动学方程计算出对应执行器位姿的关节量。

④ 将关节信息送给控制器。

⑤ 返回到循环的开始。

在工业应用中，最实用的轨迹是点到点之间的直线运动，但也经常碰到多目标点（如有中间点）间需要平滑过渡的情况。

为实现一条直线轨迹，必须计算起点和终点位姿之间的变换，并将该变换划分为许多小段。起点构型 T_i 和终点构型 T_f 之间的总变换只可通过下面的方程进行计算：

$$\begin{cases} T_f = T_i R \\ {}^{-1}T_f = T_i^{-1} T_i R \\ R = T_i^{-1} T_f \end{cases} \tag{7-22}$$

至少有以下三种不同的方法可用来将该总变换化为许多的小段变换。

① 希望在起点和终点之间有平滑的线性变换，因此需要大量很小的分段，从而产生了大量的微分运动。利用微分运动方程，可将末端执行器坐标系在每个新段的位姿与微分运动、雅可比矩阵及关节速度通过下列方程联系在一起：

$$\begin{cases} D = J D_\theta \\ D_\theta = J^{-1} D \\ \mathrm{d}T = \Delta \cdot T \end{cases} \tag{7-23}$$

$$T_{\text{new}} = T_{\text{old}} + \mathrm{d}T \tag{7-24}$$

这一方法需要进行大量的计算，并且仅当雅可比矩阵逆存在时才有效。

② 在起点和终点之间的变换分解为一个平移和两个旋转。平移是将坐标原点从起点移动到终点，第一个旋转是将末端执行器坐标系与期望姿态对准，而第二个旋转是执行器坐标系绕其自身轴转到最终的姿态。所有这三个变换同时进行。

③ 在起点和终点之间的变换 R 分解为一个平移和一个绕 k 轴的旋转。平移仍是将坐标原点从起点移动到终点，而旋转则是将手臂坐标系与最终的期望姿态对准。两个变换同时进行，如图 7-14 所示。

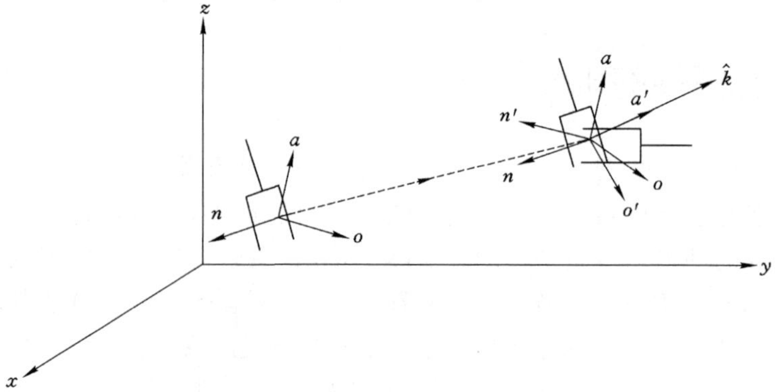

图 7-14　直角坐标空间轨迹规划中起点和终点之间的变换

下面介绍直角坐标路径的几何问题。

因直角坐标空间描述的路径形状与关节位置之间有连续的对应关系，所以直角坐标空间的路径容易出现与工作空间和奇异点有关的各种问题。

(1) 不可达的中间点问题

尽管操作臂的起始点和目标点都在其工作空间内部，但是很有可能在连接这两点的直线上有某些点不在工作空间中，如图 7-15 所示的平面两杆机器人及其工作空间。在此例中，连杆 2 比连杆 1 短，所以在工作空间的中间存在一个空洞，其半径为两连杆长度之差。起始点 A 和目标点 B 均在工作空间中，在关节空间中从 A 运动到 B 没有问题。但是如果试图在直角坐标空间沿直线运动，将无法到达路径上的某些中间点。该例表明了在某些情况下，关节空间中的路径容易实现，而直角坐标空间中的直线路径将无法实现。

(2) 在奇异点附近的高关节速率问题

在操作臂的工作空间中存在着某些位置，在这些位置处无法用有限的关节速度来实现末端执行器在直角坐标空间的期望速度。因此，有某些路径(在直角坐标空间描述)是操作臂所无法执行的，这一点并不奇怪。例如，如果一个操作臂沿直角坐标直线路径接近机构的一个奇异位形，则机器人的一个或多个关节速度可能增加至无穷大。由于机构的速度是有上限的，因此这通常将导致操作臂偏离期望的路径。

例如，图 7-16 给出了一个平面两杆(两杆长度相同)操作臂，从 A 点沿着路径运动到 B 点。期望轨迹是使操作臂末端以恒定的线速度做直线运动。图中画出了操作臂在运动过程中的一些中间位置以便于观察其运动。可以看到，路径上的所有点都可以到达，但是当机器人经过路径的中间部分时，关节 1 的速度非常高。路径越接近关节 1 的轴线，关节 1 的速度就越大。一个解决办法就是减小这个路径上的所有运动速度，以使所有关节速度在其容许范围内。虽然这样可能不能保证路径上的瞬时特性，但是至少由路径定义的空间点都能够达到。

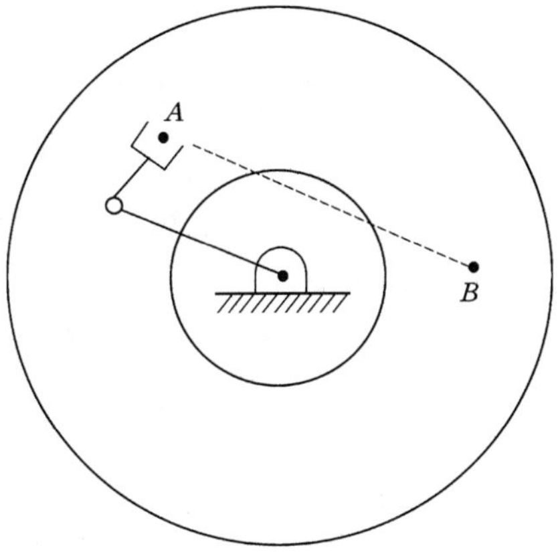

图 7-15　直角坐标路径问题之一

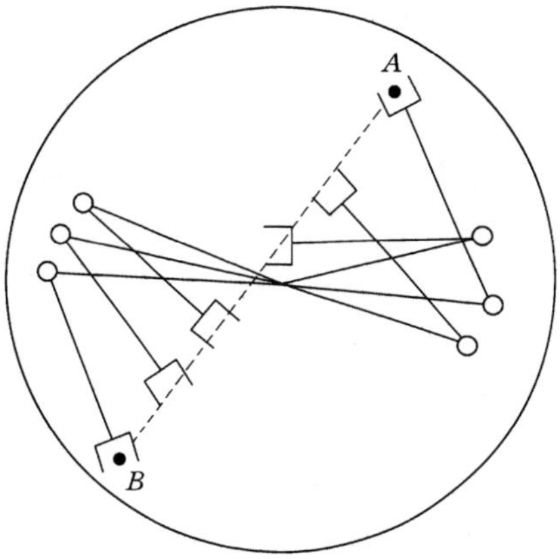

图 7-16　直角坐标路径问题之二

(3) 不同解下的可达起点和终点问题

图 7-17 可以说明第三类问题。在这里，平面两杆操作臂的两个杆长度相等，但是关节存在约束，这使机器人到达空间给定点的解的数量减少。尤其是当操作臂不能使用与起始点相同的解到达终点时，就会出现问题。如图 7-17 所示，某些解可以使操作臂到达所有的路径点，但并非任何解都可以到达。这样，操作臂的轨迹规划系统可以使机器人无须沿路径

运动就能检测到这种问题，并向用户报错。

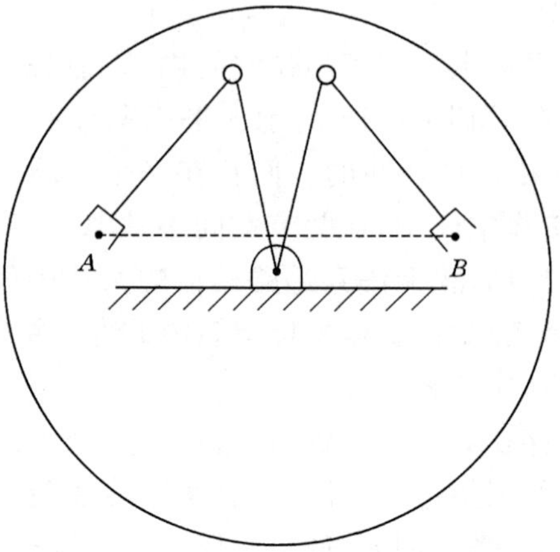

图 7-17　直角坐标路径问题之三

为了处理在直角坐标空间定义路径存在的这些问题，大多数工业操作臂控制系统都具有关节空间和直角坐标空间的路径生成功能。用户很快可明白由于使用直角坐标空间路径存在一定困难，所以一般默认使用关节空间路径。只有在必要时，才使用直角坐标空间的路径规划方法。

第 8 章　典型工业机器人设计及应用

工业机器人技术是利用计算机的记忆功能、编程功能来控制操作机自动完成工业生产中某一类指定任务的高新技术，是当今国际上竞相发展的高技术内容之一。它是综合了当代机构运动学与动力学、精密机械设计、现代控制理论和计算机技术发展起来的产物，是典型的机电一体化产品。工业机器人由操作机和控制器两大部分组成，操作机按计算机指令运动，可实现无人操作；控制器中计算机程序可依加工对象不同而重新设计，从而满足柔性生产的需要。

8.1　工业机器人设计原则和流程

8.1.1　工业机器人设计原则

在确定工业机器人设计方案时，主要应遵循以下基本原则：

(1) 明确生产及工艺流程，制订初步方案

生产与工艺流程中，机器人及设备位置的确定对整个生产线的设计至关重要，合理的位置可以充分发挥机器人及设备的功能、充分利用现有场地的资源，通过优化物流的路径可以减少流转时间、节省加工节拍、提高生产效率。

机器人及设备位置的确定应考虑以下基本原则：

① 输送方向应与零件加工工艺流程一致，物料流转过程中应尽量减少换手、停顿、姿态转换等中间环节。

② 机器人及设备的位置应考虑生产场地的大小，合理利用现有生产场地，使设计的生产线满足生产与输送的总体需要。

③ 需要考虑各加工工序间加工时间的长短，使物料在各工序间输送时能平衡各工序加工时间的差异，尽量使各工序间物料输送及加工的时间趋向平衡，使加工节拍更加合理。

④ 考虑物料输送过程中机械手能方便地在加工设备上取放工件，使机械手在取放工件时能更好地适应工件的姿态，避开物料输送时机械手过多地移动、避让障碍物的运动等。

(2) 确定工作环境下的线缆及管路

机器人及设备中驱动和控制线缆、气路和油路的布置状况是衡量外观设计是否合理的关键。

确定线缆和管路时应考虑：电缆和管路布置形式是否有空中桥架式、地面线槽式和地沟线槽式等，应根据设备及加工的要求，合理选择与布置。为防止手爪抓取工件运行时与空中桥架发生干涉，应将线槽安装于加工区域的脚踏板下，并固定于地面上，以避免在加工区域内与必要的维修操作发生磕碰；线缆和管路应该分开放置，便于维修和更换等。

(3) 机器人的建模与设计

典型工业机器人一般是由操作机、减速器、伺服电动机、伺服驱动器及控制器等部分组成。工业机器人操作机除了基本操作机构外，还可能在其上安装其他附加机构和装置，如检验装置、测量装置、清洗装置或工艺装备等。

这里的机器人建模指的是机器人机械结构建模。机器人从机械结构上可以分为龙门结构、壁挂结构、垂挂结构等。根据安装空间的要求不同可以选择不同的结构，每种结构的特性要求不同，其力学特性、运动特性也不一样。机器人的设计必须基于一个确定的结构进行。

8.1.2 工业机器人设计流程

工业机器人方案制订以后需要进行设计。设计流程的必要内容主要包括运动性能计算、力学特性分析、机械结构设计和动力学仿真等。

（1）运动性能计算

运动性能需要计算的主要参数有：平均速度、最大速度、加速度/减速度等。另外，根据机器人的特性不同，还需要进行其他运动参数的计算。

（2）力学特性分析

机器人是由许多定位单元及结构单元组成的，对于每个定位单元或定位系统，都要分析或计算如水平推力、正压力、侧压力等。另外，根据机器人的特性不同，还需要进行其他力学参数的计算。

（3）机械结构设计

在完成了前面工作后，机器人系统的雏形就已经形成了，接下来的工作就是将雏形进行机械结构设计。

工业机器人的机械结构及工艺性取决于承载能力、自由度、工作空间、定位误差和控制系统形式等基本参数。

首先，要针对工业机器人的本体结构进行设计。工业机器人的本体结构可以由多种机构组成具体有：

① 多种形式的减速器，如普通齿轮式、行星齿轮式、谐波传动式。

② 牵引装置，如齿条-齿轮式、滚珠丝杠式。

③ 导轨/支承，如执行直线移动的导轨、执行回转运动的支承。

④ 联轴器/制动器。

⑤ 平衡机构，如弹簧式的平衡机构。

⑥ 差动齿轮机构，如具有传递功率封闭流的差动齿轮机构。

⑦ 夹持装置。

其次，针对操作机结构的重要元件进行设计。对于工业机器人的操作机来说，操作机结构的重要元件是执行机构的导轨与支承，如多种形式的回转立柱、直线移动小车及摆动手臂等。

最后，形成工程图和相应的技术文件，以便于生产。

（4）动力学仿真

机器人研究过程中，运用多种软件进行设计与仿真是不可缺少的过程，尤其是在设计的初期，软件的选择较为困难。但是，当机器人的构型确定以后，软件的选择与使用便简单、方便了。为了方便对机器人的初始结构和性能进行分析，可以根据其构型进行动力学仿真。

在仿真过程中，机器人运动到工作空间的恶劣姿态应尽量接近实际应用。

当应用 Adams 软件仿真时，可以设置机器人的仿真条件如下：

① 参考机器人的技术特性，在给定各关节的最大加速度和最大运动范围内运动，使末端运动速度尽量大。

② 设置机器人运动到苛刻的位姿，在末端加入惯性矩足够大的负载。

③ 仿真结果应具有普遍性。设置机器人在运动过程中，由初始状态依次经历加速、匀速、减速运动到水平位置全伸展状态，进而达到运动空间中的苛刻姿态。

8.2　装配工业机器人设计

装配是产品生产的后续工序，在制造业中占有重要地位，在人力、物力、财力消耗中占有很大比例。装配用机器人是用于装配生产线上，对零件或部件进行装配作业的工业机器人，它是集光学、机械、微电子、自动控制和通信技术于一体的产品，具有很高的功能和附加值。当机器人精度高与作业稳定性好时，可用于精益工业生产过程。但是装配用机器人尚存在一些亟待解决的问题，如装配操作本身比焊接、喷涂、搬运等工作复杂，而且，装配环境要求高，装配效率低，缺乏感知与自适应的控制能力，难以完成变动环境中的复杂装配，对于机器人的精度要求较高，否则经常会出现装不上或“卡死”现象。

装配用机器人因适应的环境不同，可以分为普及型装配机器人和精密型装配机器人。目前，我国在装配用机器人方面有了很大的进步，基本掌握了机构设计制造技术，解决了控制、驱动系统设计和配置、软件设计和编制等关键技术，还掌握了自动化装配线及其周边配套设备的全线自动通信、协调控制技术。在基础元器件方面，谐波减速器、六轴力传感器、运动控制器等也有了突破。

装配用机器人的研究正朝着智能化和多样化的方向发展。如装配用机器人操作机从结构上探索新的高强度轻质材料，以进一步提高负载/自重比，同时机构进一步向着模块化、可重构方向发展；采用高扭矩低速电动机直接驱动以减小关节惯性，实现高速、精密、大负载及高可靠性。装配用多机器人之间的协作，同一机器人双臂的协作，甚至人与机器人的协作，这些协作要求机器顺利实现对于重型或精密装配任务非常重要。

8.2.1　装配工业机器人特征要求

装配用机器人主要用于组成柔性自动化系统的数控金属切削机床等工艺装备上。

装配操作机器人的特征要求主要包括：机器人手臂可根据工艺需要配备不同的工装，以满足生产线多批次、小批量的多样化生产要求，只需要简单地编程及工装更换即可实现快速切换。当机器人结构装配多种可换手时，可以增加其通用性。

装配用操作机器人的技术特征要求主要包括：① 承载能力(kg)；② 自由度数(个)；③ 最大位移：小车沿单轨，手臂在垂直方向，手臂转动(摆动)，手腕转动(摆动)，手腕相对纵轴转动；④ 小车位移最大速度：手臂在垂直方向，手腕及手转动；⑤ 定位精度；⑥ 重量；等等。

8.2.2　装配工业机器人方案制订与设计流程

(1) 方案制订

① 明确装配生产与工艺流程，制订初步总体方案

机器人进行装配作业时，除机器人的本体、手爪、传感器外，零件供给器和工件输送装置也至关重要。从安装占地面积的角度考虑，它们往往比机器人本体所占的比例还大。这些周边设备常用数控装置柜控制，此外，一般还要有台架和安全栏等设备。

② 确定装配用机器人工作环境下周边设备及管路的配置

该机器人布置时，在考虑机器人液压系统配置的同时，还应考虑其周边设备对其工作的影响，如电器自动机、数控装置柜、安全栏等。

目前，某些装配用工业机器人还需要配置零件供给装置及输送装置等。

零件供给装置主要有给料器和托盘等。给料器的作用是用振动机构或回转机构把零件整齐排列，并逐个送到指定位置。托盘的作用是容纳大零件或者容易磕碰划伤的零件。对于大零件或者容易磕碰划伤的零件，加工完毕后一般应放在托盘的容器中运输，托盘装置能按照一定精度要求把零件放在给定的位置，然后再由机器人一个一个取出。在机器人装配线上，输送装置承担把工件搬运到各作业地点的任务，输送装置以传送带较多。输送装置的技术问题是停止精度、停止时的冲击和减速振动问题；减速器可用来吸收冲击能。

③ 装配用机器人的建模与设计

装配用工业机器人建模时针对的对象主要是门架、可移动小车、滑板部件、手臂部件、手腕部件、夹持器等。该机器人设计时还要考虑双臂的连杆形式。

④ 确定总体方案

对上述结果进行分析、修改、完善后，制订出明确的结构总体方案。

(2) 设计流程

设计流程的内容包括运动性能、力学特性、机械结构、精度要求、装配特殊要求及验证与修改等。

① 运动性能

制订满足装配工业机器人装配方案的运动性能与参数，其性能参数见表 8-1。

表 8-1　　运动性能与参数

运动性能	数值
自由度数	5
最大位移：	
小车沿导轨/mm	10 800
手臂在垂直方向/mm	420
手臂转动(摆动)/(°)	100
手腕转动(摆动)/(°)	90
手腕相对纵轴转动/(°)	90,180
线位移最大速度：	
小车位移最大速度/(m/s)	0.8
手臂在垂直方向/(m/s)	0.8
最大角位移速度：	
手腕及手转动/[(°)/s]	90

绘制总机、零部件传动链或运动原理简图。

② 力学特性

针对装配工业机器人装配的设计对象，制定满足其结构的力学特性与参数，其参数见表 8-2。

表 8-2　力学特性与参数

力学特性	数值
承载能力/kg	40

对装配工业机器人整机及关键零部件还应进行强度、刚度、稳定性等计算。

③ 机械结构

在满足运动性能计算、力学特性分析的前提下进行机械结构设计。机械结构特殊要求见表 8-3。

表 8-3　机械结构特殊要求

机械结构特性	数值
操作机手臂/个	2
质量(除数控装置外)/kg	3 000

④ 精度要求

装配工业机器人经常使用的传感器有视觉传感器、触觉传感器、接近觉传感器和力传感器等。视觉传感器主要用于零件或工件的位置补偿、零件的判别与确认等。触觉和接近觉传感器一般固定在指端，用来补偿零件或工件的位置误差，防止碰撞等。在装配用操作机器人机械结构设计时，必须考虑整机与关键部件的设计、选用与匹配问题，以满足夹持器精度要求，夹持器精度要求见表 8-4。

表 8-4　精 度 要 求

夹持器定位精度	数值
夹持器定位误差/mm	±1

⑤ 装配特殊要求

装配特殊要求如装配力控制、视觉功能等。

如某些机器人在进行零部件装配过程中对转矩有要求，用于消除零件卡死和损坏的风险，属于装配力控制。

视觉功能要求指的是引导机器人正确识别和抓取工件，传送到精确装配位置。

⑥ 验证与修改

验证运动性能、力学特性、精度要求及装配特殊要求等，直至满足装配工业机器人特征要求。

8.2.3　装配工业机器人运动原理

装配工业机器人的运动原理如图 8-1 所示，其运动是通过电液控制来实现的。

装配工业机器人的运动要求包括:小车沿门架导轨的移动,手臂的摆动及在垂直方向的运动,手腕的摆动及相对于纵轴的转动。手臂摆动用线性电液步进驱动装置,驱动装置由步进电动机、随动分配器和液压缸组成,其中液压缸活塞杆内装有位置反馈螺旋机构。

如图 8-1 所示,A 表示电液步进式驱动控制,它控制小车的纵向移动,即小车沿着门架的导轨做纵向移动。电液步进式驱动控制通过步进电动机、液压马达及齿轮减速器形成运动传动链。在小车上固定着滑板部件的机体,其机体中连接着摆动支承;滑板组件在垂直方向的移动是通过该摆动支承来实现的。

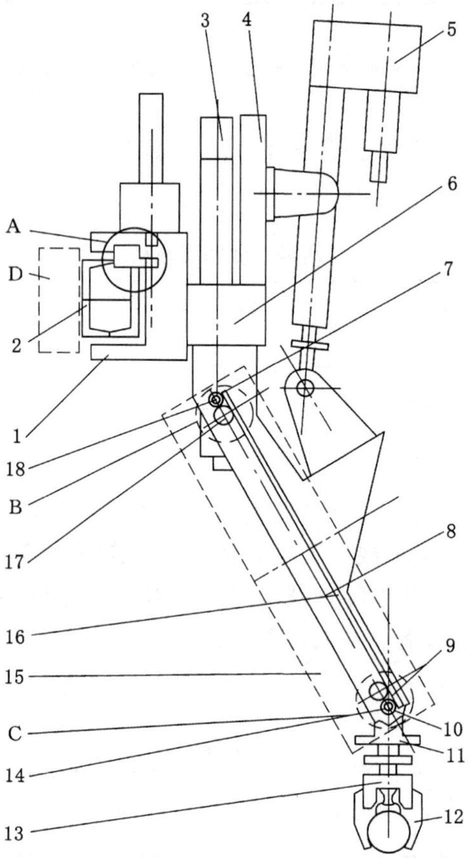

图 8-1 装配工业机器人运动原理

1——小车;2——导轨;3——电液步进式驱动装置连杆;4——滑板部件;5——线性电液步进式驱动装置;6——滑板机体;7——上铰链齿轮;8——手臂部件;9——齿条;10——下铰链齿轮;11——手腕;12——夹持器;13——液压缸;14——手腕转动轴;15——专用平移机构;16——手臂肩部;17——手臂摆动轴;18——下端轴;A——电液步进式驱动装置;B——上铰链;C——下铰链;D——门架

在小车上固定着滑板部件的机体,其机体中连接有摆动支承;此时摆动支承上的滑板在做垂直方向的移动。同时,滑板部件也与线性电液步进式驱动装置的连杆相连接。

线性电液步进式驱动装置被铰接在滑板部件的支架上。在滑板的下端轴上安装有手臂,该手臂可以实现相对于此下端轴的摆动运动。此摆动运动是通过线性电液步进式驱动装置来实现的,在该线性电液步进式驱动装置中,液压缸的活塞杆与手臂肩部通过铰接相连。

对手臂而言,在手臂部件中存在着一个长杠杆,该长杠杆的下端铰接着手腕部(即头部),在手腕部安装着夹持机构。

为了保证手臂摆动时其手腕在空间位置的固定性,可以采用专用平移机构,该专用平移机构主要由齿轮齿条机构及上、下铰链传动机构构成,并且上铰链的齿轮安装在手臂摆动轴上,而下铰链的齿轮安装在手腕转动轴上。若上铰链连接的齿轮保持不动,则在手臂摆动时手腕的连接轴也将保持在空间的固定位置。

这种带有齿轮齿条的专用平移机构还可以用在垂直平面中手腕摆动的驱动装置中。另外,手腕的转动则由随动阀控制。

夹持器钳口是由液压缸驱动装置进行驱动,此时,液压缸的活塞杆与夹持器夹紧机构的拉杆相连接。

8.2.4　装配工业机器人结构设计

装配用机器人按照臂部的运动形式不同,可以分为直角坐标型装配工业机器人、垂直多关节型装配工业机器人和平面关节型装配工业机器人。

直角坐标型装配机器人,其结构在目前的产业机器人中是最简单的。它操作简便,被用于零部件的移送、简单地插入及旋拧等作业中。在机构上,大部分装备了球形螺钉和伺服电动机,具有可自动编程、速度快、精度高等特点。

垂直多关节型装配机器人,结构式上大多具有 6 个及以上自由度,可以在空间上的任意点确定任意位姿。这种类型的机器人所面向的是在三维空间的任意位置和姿势的作业。

另外,还有平面关节型装配机器人,多用于自动装配、搬运、调试等工作,适合于工厂柔性自动化生产的需求。

装配工业机器人除了门架、可移动小车、滑板部件(手臂垂直伸缩机构)、手臂、手腕(头部)、夹持器及导轨等机器人基本结构外,还包括电器自动机、数控装置柜及机器人周边配置的零件供给器、输送装置、台架和安全栏等。

装配工业机器人结构特点:装配工业机器人采用液压站传递多种动力。液压站的主要功能是供给位移电液步进式驱动装置及夹紧机构驱动装置所需要的动力。如位移电液步进式驱动装置可以供应小车、滑板部件和机器人手臂;夹紧机构驱动装置可以供应手腕转动、摆动机构和夹持器夹紧等。同时,液压站能够在主干线恒压下使进入液压系统的耗油量的变化来调整可调泵的供给量。液压站还进行油的冷却,并能防止在断路状态下液压系统中漏油。小车驱动装置由液压马达和成套电液步进驱动装置组成。

装配工业机器人的控制装置是由数控装置柜及电器自动机组成。该数控装置是具有定位式的数控装置,可以使得机器人能够按照预定程序实现沿三个坐标轴方向的位移;能够完成大量的控制机器人本身的工作循环指令,并且完成看管其他工艺装备的工作循环指令。另外,操作机杆件的驱动装置为液压式。

该工业机器人的操作机设计成可移动式结构,并且有门架结构,该结构的设计使得操作机能够在一系列卧式金属切削机床上工作。

在门架上装有可移动的小车,该小车可以支撑手臂的垂直伸缩机构(即滑板),小车也沿着固定在门架上的导轨实现移动。

操作机的手臂做成双臂连杆形式,双臂连杆的上端铰接在滑板上,并可以在垂直平面内做摆动运动;而手臂的下端则铰接在带夹持器的手腕(头部)上。手腕可以相对水平轴转动

（摆动），此水平轴通过连接铰链将手腕固定在手臂上，手腕还可以绕自身的轴线实现旋转，但旋转角度有所限制。

8.3 模块化工业机器人设计

模块化机器人是由多个具有一定功能、结构及自制能力的可互换的模块组成。其具有以下特点：

① 通过不同的组建方式，可以搭建出具有不同功能、适合不同应用场合的机器人，即功能多样化。

② 可根据自身实际应用选购合适的功能模块，有针对性地搭建所需要的机器人系统，即实用性强。

③ 可通过新增模块来扩展原有系统，避免初期投入的盲目性及保证机器人系统功能的可扩展性，即扩展性强。

模块化机器人结构设计是将一个复杂的系统进行分解，拆分成若干个独立的模块，即将各种互相耦合在一起的因素分开，将多因素控制降阶为单元素控制。这种分解过程，也是一种创造性过程，是模块化机器人结构设计的一个关键步骤。之后，将分解的模块再经过优化组合，特别是通过控制模块、伺服模块和执行模块的耦合成为一个系统，这又是一个关键步骤，称为集成。集成也是一种创造性的过程。模块化工业机器人结构设计的研究正是基于模块基础上的有机集成和集成基础上的模块分解。

对于从模块化到标准化设计的实现，国际上许多国家正在进行中。我国也在模块化设计中实现了局部标准化。如某些企业沿用德国的解决方案模式，对系统集成采取模块化的设计，把典型机器人系统的工艺总结出标准。基于局部标准化的前提下，像搭积木一样为客户提供解决方案。在产品成本、提供解决方案的效率和系统方案的可靠性上有很大的优势。随着敏捷制造时代的到来，模块化设计会越来越显示出其独特的优越性。

8.3.1 模块化工业机器人特征要求

模块化工业机器人更多的是应用线性执行结构及齿轮减速器机构，使得机器人动作程序简单，控制更精准。

模块化工业机器人的特征要求主要包括：该机器人用在数控车床、六角车床等设备上以完成装卸料操作；主要用于毛坯和零件的存取工作，将毛坯和零件按定向形式放置在辅助附属设备中，如轴按照水平方向放置。

模块化工业机器人的技术特征主要包括：① 承载能力（kg）；② 自由度数（个）；③ 最大位移，包括小车沿水平轴、滑板沿垂直轴、手腕（头）相对于水平轴摆动及带夹持器头相对纵轴转动等；④ 最大位移速度，包括小车、滑板、手腕（头）摆动及带夹持器头转动等；⑤ 定位精度（mm）；⑥ 夹持器数；⑦ 换夹持器的时间；⑧ 所运送毛坯（如法兰盘）的最大尺寸[如直径、长度及重量（控制装置除外）]；等等。

8.3.2 模块化工业机器人方案制订与设计流程

（1）方案制订

① 明确模块化工业机器人生产与工艺流程，制订初步总体方案

模块化工业机器人是以功能模块有机集成为前提的模块组合，将各功能模块有机集成

到一个系统中去，完成功能模块的整体集成，最终形成组合式工业机器人系统。机器人实现集合性、相关性、整体性、目的性及环境适应性。

在许多国家，模块化工业机器人的夹持机构按其特性和连接尺寸的特点已标准化。对此，在方案制订时应予以考虑。另外，为了支持工作范围的变化，在设计初始阶段应考虑基座、手臂固定位置的变化。

模块化工业机器人用于轴类零件，可以采用双夹持器结构，应具有内装气缸转动 90°角的驱动装置。当零件为短旋转体（法兰型）时，其直径范围为 40～60 mm，高度最大为 100 mm。小车的驱动方式是机电式，而手臂垂直位移驱动装置、摆动驱动装置以及夹持器的驱动装置都是气动式。

② 确定模块化工业机器人工作环境下线缆及管路的配置

在此主要是指模块化工业机器人气动系统的配置与控制。

气动系统控制包括：手腕转动的控制；手腕转动 90°处位置的控制；手臂的垂直位移；手臂的安全固定；手臂垂直位移的大小；手臂在平面内绕着轴的转动等。因此，气动系统控制包括多个气缸。

③ 模块化工业机器人的建模与设计

模块化工业机器人建模时针对的对象主要是小车、门架、装料手、卸料手、手臂垂直位移驱动装置、摆动驱动装置、可换夹持装置驱动装置及承载系统等。另外，该机器人设计时还要考虑的对象包括转动模块、转动手腕（芯轴）等。根据技术特征要求，完成结构方案与布局。

④ 确定总体方案

对上述结果进行分析、修改、完善后，制订出明确的总体方案。

（2）设计流程

设计流程的内容包括运动性能、力学特性、机械结构、精度要求、验证与修改等。

① 运动性能

制订满足模块化工业机器人方案的运动性能与参数，其参数见表 8-5。

表 8-5　　运动性能与参数

运动性能	数值
自由度数	9
小车最大水平行程/mm	3 500
小车最大垂直行程/mm	630
手臂转角（摆动）/(°)	30
手腕（短轴）转角/(°)	90,180
夹持器转角/(°)	90
最大位移：	
小车沿导轨/mm	10 800
手臂在垂直方向/mm	420
手臂转动（摆动）/(°)	100
手腕转动（摆动）/(°)	90
手腕相对纵轴转动/(°)	90,180

续表 8-5

运动性能	数值
线位移最大速度： 小车位移最大速度/(m/s) 手臂在垂直方向/(m/s)	 1.2 0.5
最大角位移速度： 手腕部(短轴)转动/[(°)/s] 手腕摆动/[(°)/s] 夹持器转动/[(°)/s]	 90 90 90

绘制总机、零部件传动链或运动原理简图。

② 力学特性

针对模块化工业机器人的设计对象，制定满足其结构的力学特性与参数，其参数见表8-6。

表 8-6　力学特性与参数

力学特性	数值
承载能力/kg	10×2

对模块化工业机器人整机及关键零部件还应进行强度、刚度、稳定性等计算。

③ 机械结构

在满足运动性能计算、力学特性分析的前提下进行机械结构设计。机械结构特殊要求见表 8-7。

表 8-7　机械结构特殊要求

机构结构特性	数值
质量(包含控制装置外)/kg	1 450

④ 精度要求

在机械结构设计时，必须考虑整机与关键部件的设计、选用与匹配，以满足夹持器精度要求，夹持器精度要求见表 8-8。

表 8-8　精 度 要 求

夹持器定位精度	数值
夹持器定位误差/mm	±1

⑤ 验证与修改

验证运动性能、力学特性及精度要求，修改机械结构，直至满足模块化工业机器人特征要求。

8.3.3　模块化工业机器人运动原理

在进行工业机器人组合式模块化结构设计时，首先需要对机器人的配置方式进行运动分析：

① 机器人基本动作可以分解为体升降、臂伸缩、体旋转、臂旋转、腕旋转等。

② 机器人基本运动形式可分为直线运动和旋转运动两类。因此在设计机器人时，可以充分利用能够实现直线运动和旋转运动的通用部件来进行功能组合，如气、液、电等的组合。也就是说，可以将经过合理选择的通用部件作为模块来进行集成。这些部件可以作为一个独立的基本模块，也可以将几个部件组合为一个复合模块。显然，配置方式应根据产品最终实现的功能要求来确定。模块化工业机器人的运动原理如图 8-2 所示。该机器人主要部件运动是通过电-气动控制的。

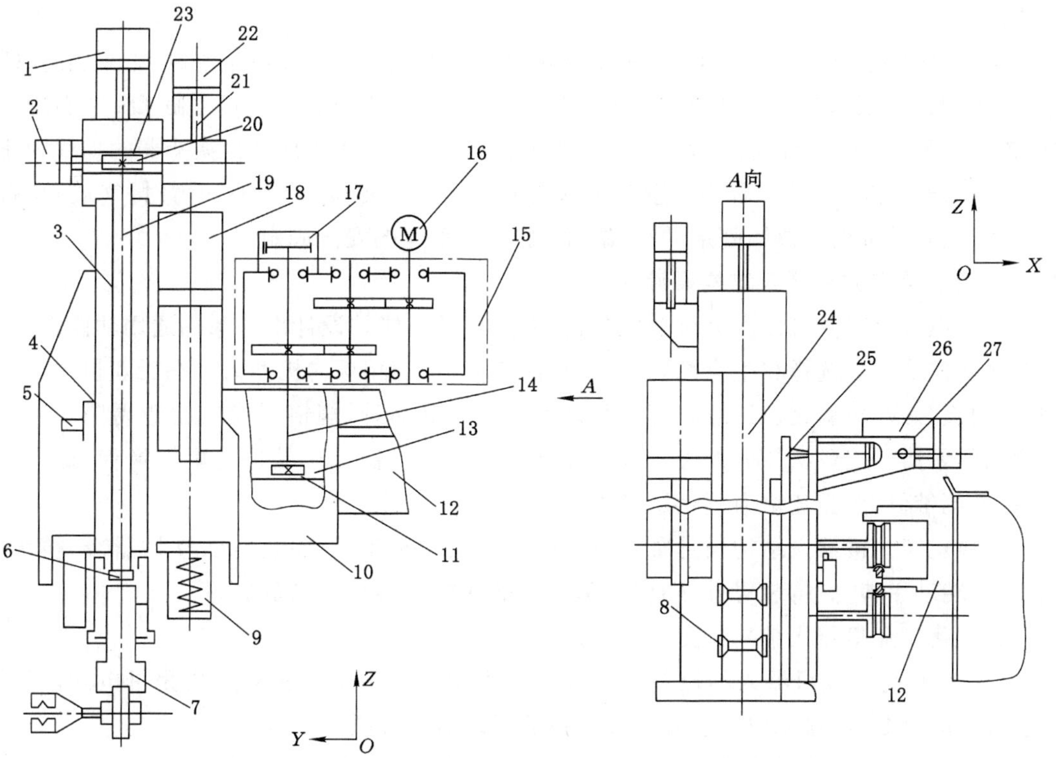

图 8-2　模块化工业机器人运动原理

1——驱动气缸 Q_1；2——气缸 Q_2；3——臂管；4——定位销；5——气缸 Q_4；6——转动手腕(芯轴)；7——可换夹持装置；8——滚柱；9——弹簧；10——小车；11——减速器输出轴上齿轮；12——导轨；13——固定在导轨上的齿轮；14——减速器输出轴；15——齿轮减速器；16——直流电动机；17——电磁制动器；18——气缸 Q_3；19——挺杆；20——手臂杆齿轮；21——伸缩挡块；22——气缸 Q_5；23——齿条；24——手臂；25——转动平板；26——气缸 Q_6；27——转动平板的基座

模块化工业机器人的运动要求及原理：

① 小车沿着导轨做水平方向的移动，该小车的移动运动是由直流电动机驱动、经齿轮减速器传递运动到小车而实现的，即通过安装在该减速器输出轴上的齿轮与固定在导轨上

的齿轮相啮合，以实现小车沿导轨的水平方向移动。另外，在该减速器输出轴相反的一端安装有电磁制动器，该电磁制动器可以使得小车在给定的位置实现固定，即小车可以在任意位置停车。

② 在转动平板的基座上安装有气缸 Q_6，该基座与该气缸间铰接。当该气缸的活塞杆运动时，转动平板及手臂均相对于垂线倾斜一定的角度，此时可以实现手臂转角的运动，即手臂在 XOZ 平面内绕着 Z 轴的转动。

③ 手臂可以在手臂壳体中的滚柱上移动，即沿着 Z 方向移动。气缸 Q_2 上的活塞杆上固接着齿条；臂管上刚性连接着手臂杆齿轮。手腕（芯轴）的转动由气缸 Q_2 驱动实现；气缸 Q_2 通过齿条带动手臂杆齿轮转动，即实现气缸 Q_2 控制手腕的转动。当芯轴转动 90°时，由气缸 Q_5 所驱动的伸缩挡块来确定齿条的中间位置，即气缸 Q_5 控制着手腕转动 90°处的位置。

④ 可换夹持装置通过气缸 Q_1 驱动。挺杆穿过臂管的内部，并与气缸 Q_1 的活塞杆相连。气缸 Q_3 的活塞杆通过弹簧与手臂相连，即手臂的垂直位移是通过气缸 Q3 来实现。此时，该气缸驱动手臂持续运动，直至毛坯（或零件）进入夹持器并且碰到夹持器的挡块为止而停止运动，即气缸 Q_1 控制着手臂垂直位移的大小。当气缸 Q_1 中没有压力时，气缸 Q_4 打开定位销，此时手臂被定位销固定，即气缸 Q_4 控制着手臂的安全固定。

8.3.4 模块化工业机器人结构设计

针对模块化工业机器人进行功能分析，划分出子功能并设计出一系列通用功能模块，之后对这些模块进行选择和组合配置，得出功能相似、性能相近的机器人。在工业机器人设计中，采用组合式、模块化设计思路可以很好地解决产品品种、规格与设计制造周期和生产成本之间的矛盾。工业机器人的组合式模块化设计也为机器人产品快速更新换代、提高产品质量、方便维修、增强竞争力提供了条件。

模块化工业机器人结构设计如图 8-3 所示。除了小车、导轨、门架、立柱、转动模块、伸缩手臂、转动手腕、夹持装置外，还包括两个手臂、驱动装置、承载系统等。

模块化工业机器人结构特点：

(1) 模块化工业机器人的控制由数控装置来实现。小车的驱动方式为机电式，而手臂垂直位移驱动装置、摆动驱动装置以及夹持器驱动装置都是气动式。

(2) 该机器人设计有门架式的结构。小车沿固定在门架上的导轨运动，门架装在立柱上，而机器人的承载系统是具有加强筋的焊接结构。

(3) 在小车上装有两个转动模块，每一个板块上均固定有可伸缩手臂的壳体。

(4) 该机器人有两只手臂，即装料手臂和卸料手臂，它们的结构相同，操作机手臂部件做成空心套形式。两个手臂的设计要求具有高强度、轻重量，不仅使手臂动作更加灵活，同时也降低了能源损耗。考虑到双臂同时操作的工况，则应使两臂的布置尽量对称于门框的中心，以达到平衡。

(5) 对于小车上的转动模块，其基座是用螺钉固定在小车上的，并且，基座能沿垂线有一定范围的调整位移。每只手臂的壳体还能沿水平轴有一定范围的调整位移。基座沿垂线的调整位移及手臂沿水平轴的调整位移在设计的初始阶段给定。

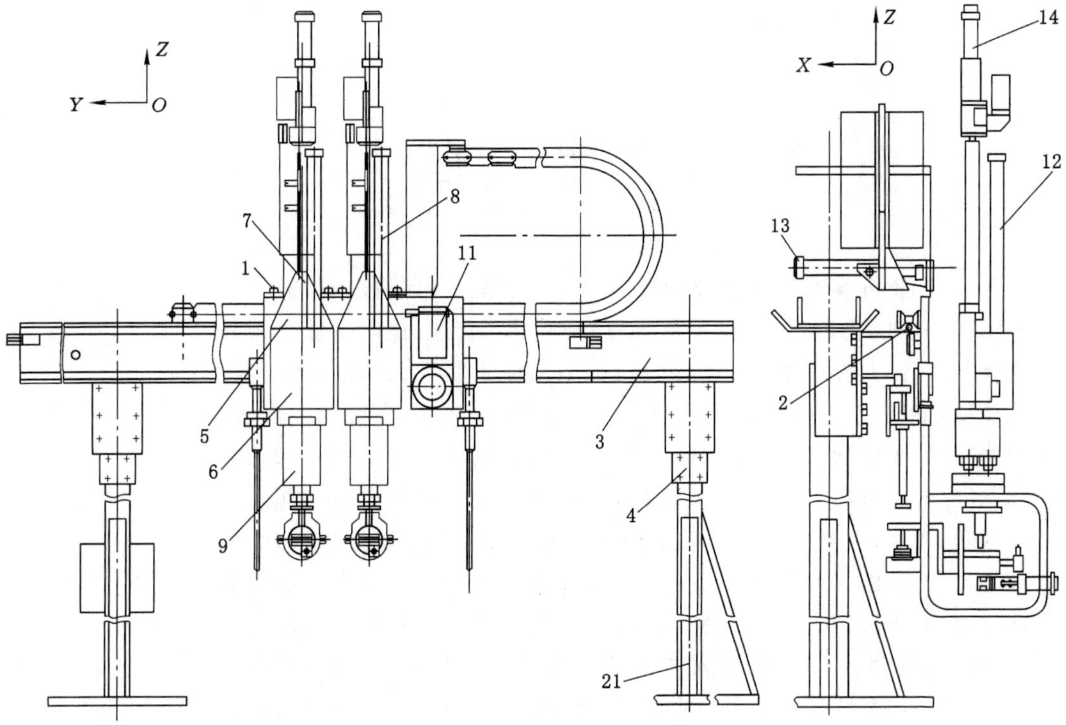

图 8-3　模块化工业机器人结构简图

1——小车；2——导轨；3——门架；4——立柱；5——转动模块；6——可伸缩手臂的壳体；7——装料手；8——卸料手；9——转动手腕(芯轴)；10——承载系统；11——夹持装置；12——手臂垂直位移驱动装置；13——摆动驱动装置；14——可换夹持装置驱动装置

(6) 装料手臂和卸料手臂的下部均安装有转动手腕(芯轴)。在转动手腕(芯轴)中固定有夹持装置。

参考文献

[1] 蔡泽凡.工业机器人系统集成[M].北京:电子工业出版社,2018.
[2] 戴凤智,刘波,岳远里.机器人设计与制作[M].北京:化学工业出版社,2016.
[3] 董春利.机器人应用技术[M].北京:机械工业出版社,2015.
[4] 龚仲华,龚晓雯.工业机器人完全应用手册[M].北京:人民邮电出版社,2017.
[5] 龚仲华.工业机器人从入门到应用[M].北京:机械工业出版社,2016.
[6] 郭洪红.工业机器人技术[M].3版.西安:西安电子科技大学出版社,2016.
[7] 郭彤颖,安冬.机器人系统设计及应用[M].北京:化学工业出版社,2016.
[8] 韩鸿鸾.工业机器人工作站系统集成与应用[M].北京:化学工业出版社,2017.
[9] 韩建海.工业机器人[M].3版.武汉:华中科技大学出版社,2015.
[10] 郝巧梅,刘怀兰.工业机器人技术[M].北京:电子工业出版社,2016.
[11] 侯守军,金陵芳.工业机器人技术基础[M].北京:机械工业出版社,2018.
[12] 金文兵,许妍妩,李曙生.工业机器人系统设计与应用[M].北京:高等教育出版社,2018.
[13] 康亚鹏.工业机器人应用技术入门[M].北京:机械工业出版社,2017.
[14] 兰虎.工业机器人技术及应用[M].北京:机械工业出版社,2014.
[15] 李慧,马正先,逄波.工业机器人及零部件结构设计[M].北京:化学工业出版社,2017.
[16] 李瑞峰.工业机器人设计与应用[M].哈尔滨:哈尔滨工业大学出版社,2017.
[17] 林燕文.工业机器人系统集成与应用[M].北京:机械工业出版社,2018.
[18] 刘军.工业机器人技术及应用[M].北京:电子工业出版社,2017.
[19] 刘小波.工业机器人技术基础[M].北京:机械工业出版社,2016.
[20] 马文倩,晁林.机器人设计与制作[M].北京:北京理工大学出版社,2016.
[21] 邵欣,檀盼龙,李云龙.工业机器人应用系统[M].北京:北京航空航天大学出版社,2017.
[22] 王保军.工业机器人基础[M].武汉:华中科技大学出版社,2015.
[23] 魏丽君,吴海波.工业机器人技术[M].北京:高等教育出版社,2017.
[24] 夏智武,许妍妩,迟澄.工业机器人技术基础[M].北京:高等教育出版社,2018.
[25] 徐忠想,康亚鹏,陈灯.工业机器人应用技术入门[M].北京:机械工业出版社,2017.
[26] 许文稼,张飞.工业机器人技术基础[M].北京:高等教育出版社,2017.
[27] 杨杰忠,向金林,刘治伟.工业机器人技术及其应用[M].北京:机械工业出版社,2017.
[28] 杨润贤,曾小波.工业机器人技术基础[M].北京:化学工业出版社,2018.
[29] 叶晖.工业机器人典型应用案例精析[M].北京:机械工业出版社,2013.
[30] 伊洪良.工业机器人应用基础[M].北京:机械工业出版社,2018.
[31] 于玲.工业机器人技术基础及实训[M].北京:化学工业出版社,2018.
[32] 袁夫彩.工业机器人及其应用[M].北京:机械工业出版社,2018.

[33] 张明文,于振中.工业机器人原理及应用:DELTA 并联机器人[M].哈尔滨:哈尔滨工业大学出版社,2018.
[34] 张培仁,杨兴明.机器人系统设计与算法[M].合肥:中国科学技术大学出版社,2008.
[35] 赵建伟.机器人系统设计及其应用技术[M].北京:清华大学出版社,2017.
[36] 邹火军,刘继红,陈令平,等.工业机器人技术基础[M].北京:机械工业出版社,2017.